追光的女子

——从追光女孩到高光女神

罗兰 著

天津大学出版社
TIANJIN UNIVERSITY PRESS

图书在版编目（C I P）数据

追光的女子：从追光女孩到高光女神 / 罗兰著. --
天津：天津大学出版社，2023.5
ISBN 978-7-5618-7449-3
Ⅰ. ①追… Ⅱ. ①罗… Ⅲ. ①女性—成功心理—通俗
读物 Ⅳ. ① B848.4-49

中国版本图书馆 CIP 数据核字 (2023) 第 063093 号

出版发行	天津大学出版社
地　　址	天津市卫津路 92 号天津大学内（邮编：300072）
电　　话	发行部：022-27403647
网　　址	publish.tju.edu.cn
印　　刷	北京盛通印刷股份有限公司
经　　销	全国各地新华书店
开　　本	720mm × 1010mm　1/16
印　　张	15.5
字　　数	243 千
版　　次	2023 年 5 月第 1 版
印　　次	2023 年 5 月第 1 次
定　　价	59.00 元

追光者：

专注女性成长教育，专注幸福智慧传承

不知不觉，今年已经是我从事女性教育工作的第十一个年头了。

从湖南的一个小乡村走向繁华都市，从青春懵懂的少女到为人妻为人母，从职场小白到全国几百家连锁企业的创始人，再到成为博鳌国际女性论坛发起人，站上国际舞台为女性发声。今年也发起了“橙丝带”计划，号召全国女性一起做公益……

这一路走来，我像一个追光者，不断朝着光的方向努力奔跑着。尽管磕磕碰碰、跌跌撞撞，却也走得十分坚定，收获了不少喜悦和幸福。

十年女性教育事业之路，我遇到过形形色色的人，看到过不同的故事发生，累积了大量真实又鲜活的素材。不管是作为一个局中人还是旁观者，我都深知女性的不容易，同时又被她们感动着，她们的伟大与牺牲、坚韧与不易、努力与上进，无一不击中我柔软的心脏。

身为一名一直奋进努力的新时代女性，我创立了“臻尚美”，初心是为了让更多女性有成长的机会，让她们成为更优秀的自己，既有智慧经营家庭和影响孩子，也有勇气去追寻家庭以外更广阔的世界。

事实上也如此，有无数女性在臻尚美发生了翻天覆地的变化，拥有了更丰盈广阔的人生。然而，迫于种种不定因素，并不是每一位女性都能如愿走进女子智慧优雅的课堂学习和成长，走向更广阔的世界。

我认为，每一位女性都应该拥有学习成长的机会与改变命运的能力。我希望不管是走进了女子智慧优雅课堂的女性，还是没有走进的女性，都有一个看世界的窗口，可以获取成长的智慧。

2020 年，我出版了一本实用型的可以帮助女性提升形象的书，叫《有仪态，高姿态——打造不一样的你》。

今年，我把自己的故事、臻尚美人的故事以及听到的、看到的其他故事，分享给更多人。希望能通过故事的力量，带给更多女性成长的能量与智慧。

托尔斯泰说："多么伟大的作家，也不过是在书写他的片面而已。"我深知自己的不完美，也深知这本书的不完美，还望广大读者能不吝赐教，让我们把书完善和升级得更好，赋予更多人力量。

一枚蒲公英是那么的轻，但是只要它一落地，就是一份生命的重量。学习是一件细水长流的事，不要低估一本书、一个故事的分量，就像不要低估一枚蒲公英轻飘飘的重量。

让我们一起不断学习、不断成长吧。

目录

一、智慧成长

1/9 不要停在原地等大雾散去，而要一直往前走

前段时间，演员张译荣获了第 34 届金鸡奖最佳男主角奖。从一个无名小辈，走到代表华语电影最高成就的三大奖之一的金鸡奖领奖台，他用了三十多年的时间。其间他曾多次被提名金鸡奖最佳男主角，但每一次到最后都是陪跑。这一次，他终于如愿以偿。

这让我想起了他几年前的一段演讲。在演讲中他说曾经有刚出道的年轻演员问他，自己跑了整整一年的剧组却颗粒无收，是否要改行。跑剧组是绝大多数演员一开始就要经历的关卡，要面临随时被选择、随时被换掉的可能。作为过来人，当时他伸出一只手告诉那位年轻的演员："剧组我也跑过，而且一跑就是五年。"

演员这条路对于张译来说就是"一波三折，山路十八弯"。他曾连续两年报考北京电影学院都落榜，后来又自费报考几个地方的话剧院，也纷纷被拒之门外。

一而再再而三的打击，也曾让张译陷入深深的迷茫和怀疑之中。最后不得已他开启了长达九年的军旅生涯，这期间他得到最多的评价是：“性格内向，没有表演天赋。”

他在迷茫的十字路口兜兜转转，不知道如何是好。好在他没有停止往前走的脚步，熬过了最漫长的等待并忍受住清贫的日子，从一个个不起眼的配角一步一步成为闪闪发光的主角。

褪去明星的光环，张译也和我们千千万万个普通人一样，会经历迷茫，会在某个阶段生出许多无力感，觉得未来遥遥无期，生活黯淡无光。这时，有人在迷茫中选择放弃，有人在迷茫中选择奋进。

放弃的人，也许会有不一样的人生，但心底存下了一份遗憾；奋进的人，也许走着走着就会看到梦想开花结果。

在 2021 年最后一天的储备导师考核中，田星导师哭得梨花带雨。从湖南来到广州，她从一名“仪态小白”到如今成为储备导师，经历了一段漫长的时间。她做过助教、DJ、主持，曾尝试过直播，也参加过几次储备导师考核，但都没有迎来好消息。她害怕自己辜负家人对她的期待，也怀疑自己的选择是不是错了，一度陷入迷茫，迫切想做出成绩来证明自己。

好在，她没有放弃而是坚持了下来。在 2021 年的最后一天顺利通过考核，优雅仪态之路向前迈进了一大步。对抗迷茫的最好良药，不是让自己停下来不再往前走，而是坚定自己的内心，即使有更多的阻碍也要往前走。只要坚持，一定可以穿过迷茫的大雾，看到汗水浇灌的鲜花。

我们都知道，大雾弥漫的早晨，雾散之后一般都会有太阳。迷茫就像缭绕的大雾，也许会暂时让我们慌了脚步，看不清未来的方向，但只要我们坚定一点，多往前走一点，多付出一些努力，就能穿越迷雾走到梦想的彼岸。

有人说，孤独是人生的常态。其实，迷茫也常常伴随着我们。而穿越迷茫的最好办法，不是停在原地等大雾散去，而是一直往前走，直到走到没有云遮雾罩的地方。

1/12 你怎么对待自己，世界就怎么对待你

我们常说，人与人之间是相互的。你对别人好，别人就对你好；你对别人不好，别人也会对你不好。殊不知，人与世界之间的联系也存在着相互性。换句话说就是，你怎么对待自己，世界就怎么对待你；或者你怎么对待世界，世界就怎么对待你。

如果一个人全是抱怨，那么他在看不到别人好的同时，其实也关上了自己看这个世界美好一面的那双眼睛。我曾遇到过一些整天怨天尤人的人，在他们身上我看到了满满的负能量，他们的内心世界充斥着不快乐与不幸福。

当他们对这个世界释放出满满的负能量的时候，这个世界也在回击他一些不那么美好的东西。比如：看不到机遇，抓不住好运。我们每个人从出生那一刻开始就像在参加一场长跑，也许在这人生的长跑过程中会有这样或那样的规则，但时间对每个人来说都是公平的。

如果我们勤练苦学，多花力气研究如何跑得更远更快，在某一个节点奔跑的速度就会加速。但如果我们怠慢自己，懒散应对，落后或输掉比赛就是世界给我们的回声。

你努力，世界会给你掌声。

你珍惜时间，世界就不会让你付出的每寸光阴都白白付诸东流。

在管理身材和形象这件事上，亦是如此。

如果一个人不管理身材和形象，暴饮暴食也不运动，任由自己的身材“自由”发展，整天蓬头垢面不修边幅，那么，世界回应他的大概就是臃肿的身材和许多身体指标异常。我们常常可以看到这样的新闻：某年轻人因长期熬夜或暴饮暴食而患上某种疾病或猝死。这些新闻其实是在给我们敲响警钟，告诉我们如果不善待自己的身体，世界就会反馈给我们疾病与痛苦；若是善待自己身体，世界才会反馈给我们健康与

愉悦。

走进优雅仪态课堂的其中一部分人，都曾长期忽视自己的身体和内心世界。她们或许因为工作、家庭、年龄等因素而没有过多关注自己的身体和内心，最后导致身心出现某种亚健康状态。

当她们走进课堂与自己的身体和内心深度对话的时候，她们就像河流打开了闸口一样，得到了释放。在她们善待自己身体的那一刻起，身体和心情其实已经在变好的路上了。人生就是一场回声，你发出什么声音，就会听到什么回声。

所以，善待自己，善待世间万物，不断提升自己，世界才会赠予你好运和光亮。若是不善待自己，就如同把自己关进“小黑屋”，这个世界的光亮与精彩就会与你无关。愿我们每个人都懂得这个道理并善待自己，然后得到世界的温柔以待。

1/15 聪明的女人，懂得为自己创造财富来赢取话语权和选择权

最近热播的电视剧《完美伴侣》，其中女二号吴敏的遭遇得到了许多女性的同情。吴敏和他老公相识于高中，直到组成家庭他们一起走过了 20 年光阴。当初为了支持心爱的人，她放弃了自己考取的大学陪同他出国。毕业后又为了他放弃了自己的事业，做起了全职太太。她的付出不亚于任何一个人，把家庭照顾得井井有条，把孩子也教育得懂事乖巧。可是结局呢？等来的是丈夫的冷漠、忽视、不尊重和猜忌。一头扎进家庭让她失去了自我，就如剧中她那段如血泪般的台词：“我把我的人、我的青春、我的未来一切都给了你。我永远要以你为中心，以你的选择为自己的选

择，我没有选择住在哪里的权利，甚至没有选择手机的权利。我的发型，我的审美，所有的一切都要顾及你的审美。我想有自己的选择，想有自己的一点空间。”

认识到这些年的付出成为一个笑话后，她想重新开启一段新生活，却由于长期围绕在丈夫、孩子身边，人脉已经分崩离析，经济不独立，职场能力也像一张白纸一样。

虽然这是电视剧的情节，可艺术来源于生活，现实生活中这样的女性遭遇比比皆是。每每看到这样的故事，我都希望每一位女性要保持清醒的认知。不管是在步入婚姻前还是步入婚姻孕育了生命后，都不要停止成长的脚步，不要脱离社会，不要丧失创造财富的能力。

我们并不是要否定全职太太的劳动价值，只是在如今的社会，家庭主妇的劳动价值不被保护，也没有得到充分的认可。

面对这样的社会环境，我们不得不让自己强大起来，要拥有随时都可以为自己创造财富的能力。因为很多时候，财富就等于选择权和话语权。只有这样，我们才不会在一段关系中处于被动的位置。

如果你仔细观察，会发现那些能掌控自己人生、活出自我的幸福女人，她们往往都是先成为完整的生命个体，再去兼顾其他身份。她们在兼顾家庭的同时，有自己的工作，有自己的社交圈子，以此保证自己的经济独立，并且不与这个社会脱节。

这样，我们女性才能成为更完整更丰盈的生命个体，既活得更自洽，又能保护自己。那么，要成为更完整更丰盈的生命个体，就不能停止学习的脚步，保证自己有创造财富的能力，有稳定的情绪，既能小鸟依人也有敢于冒险和投资的精神，等等。

当我们拥有这些品质，我们会成为一个更完整的丰沛的生命个体，我们也就能吸引到同样优秀、能让我们感到舒适的生命个体。当你成为独立强大的自己的时候，好的爱情和婚姻是锦上添花；失去或暂时没有这些的时候，它就是你保护自己的盔甲，是你活得漂亮的证据。

愿我们每个人都能成为强大的能量体，既能充分爱自己，也有能力选择自己舒适的生活方式，不用为了谁而委曲求全。

2/9 与强者同行，与智者同频，与善者为伍

荀子说：“与凤凰同飞，必是俊鸟；与虎狼同行，必是猛兽。”你有什么样的圈子，你也会被影响成为什么样的人。如果我们想成为更好的人，最好是与强者同行，与智者同频，与善者为伍。因为，与美好同行，终成美好；与强者同行，则会更强；与智者同频，会更愉快；与善者为伍，可以更简单、幸福、温暖。

与强者同行。强者之间互相欣赏，弱者之间互相拉踩。不管是电视剧还是现实生活，我们都会看到许多弱者之间相互猜疑、相互贬低的桥段，而真正的强者之间更多的是惺惺相惜、相互欣赏。2021 年的东京奥运会有一个“名场面”：中国游泳运动员张雨霏在女子 4×100 米混合游泳接力赛结束后并未先行离开，而是在一旁等待，直至日本选手池江璃花子接受完采访后，张雨霏上前给了她一个拥抱，并相约下一年的亚运会再见。池江璃花子有“泳坛天才少女”之称，但在 2019 年被确诊为白血病患者，而后其战胜病魔，重回泳坛。她们都是泳坛的强者，是对手，却也互相尊重，真心祝福彼此。与强者同行，相互欣赏，相互学习，一起进步，一起成为更优秀、更强大的人。

与智者同频。不管是在生活还是工作中，我们总会遇到许多和自己观点不一致的人。由于价值观的不一致，可能会有摩擦、争吵，导致不愉快。臻尚美每年都有许多针对院长、导师、市场团队的线下培训。在对待学习这件事上，也许大家身边有少数人会说如今线上课程那么多，何必不远千里跑到一个地方花费时间、精力和

财力去学习。这是不同频，认知与价值观不同，争论下去只会让人疲惫。同频的人相互懂得，相处不费劲。而不同频的人，就如撑杆两端重量不一致，永远无法处于同一条水平线上。鲁迅先生在碰到瞿秋白的时候感慨：“人生得一知己足矣，斯世当以同怀视之。”我想，这就是鲁迅先生对于与智者同频的幸福感慨。有人说：“常与同好争高下，不与傻瓜论长短。”与智者同频，思维会碰撞出绚烂的火花，与傻瓜论长短，估计就会陷入无限的疲惫之中。

与善者为伍。有人说：“善良比聪明更重要。”如果一个人不善良，经常游走在作恶的边缘，那么他再怎么聪明、再怎么强大，最终也会走上一条不正确的道路。善良的人，心怀善意，心向美好，也许会暂时吃亏，但未来你的善良一定会回报你一些什么，也许是别人对你的善良，也许是好的人际关系等等。近朱者赤，近墨者黑，与善良的人为伍，可以减少很多不必要的纠纷，你的人际关系也会变得简单、温暖。永远不要低估潜移默化的力量和耳濡目染的作用。

当你与强者同行、与智者同频、与善者为伍，你会不自觉地“吸收”对方的能量，被对方的一举一动影响，成为优秀的人，生活也将会更愉快。

3/28

女人真正的成熟，是从失去这四样东西开始的

人生是一个不断得到与不断失去的过程。但是，有些东西得到了不一定是好的，有些东西失去了也不一定是坏的。如果一个女人失去了以下四种东西，就意味着她开始走向了真正的成熟。

一是失去指望。失去对他人的指望，就是独立的开始。如果一个人事事都指望别人，那么永远无法获得真正的独立，也无法走向强大。不管是物质还是精神，过于依赖他人，就会像春天里落在叶尖的雨滴，随时都有坠落的危险。防止坠落的最好办法就是停止对他人的指望，强大自己。只有这样，才能握住自己人生的方向盘。开向何方，开多远多久，看什么风景，什么时候需要休息了，都由自己说了算。否则，人生的方向盘握在别人手上，人生将不可能获得真正的自由。那些想抵达的目的地，也会成为一场遥不可及的梦。

二是失去暴脾气。真正成熟的人不是没有脾气，而是懂得控制自己的脾气。一个喜欢发脾气的人不是有个性，而是不成熟。喜欢发脾气的人像刺猬，浑身都布满了刺，让人不敢靠近。如果仔细观察你会发现那些有所成就的人都不会轻易发脾气，他们永远给人一种亲和、平易近人的感觉。当一个人能控制自己情绪的时候，他就获得了与情绪平等对话的机会，而不会让情绪伤害别人，伤害自己。拿破仑说："能控制好自己情绪的人，比能拿下一座城池的将军更伟大。"换个角度来说，就是控制好自己情绪的人，才能控制好人生，而这也正是一个人成熟的表现。

三是失去倾诉欲。一个真正成熟的人，不会把什么事都挂在嘴边。即使心里有事，他们也能与自己和解，或立刻去行动。因为他们懂得，倾诉是一种无用功。就如同世界上没有两片完全相同的叶子，没有人能做到真正的感同身受。

孤独和烦恼都是自己的，如果一味地对别人倾诉，那无疑就是给别人增加了负担，因为每个人潜意识里其实都不太喜欢那些与自己无关的负面信息。停止对别人倾诉，把倾诉的时间用于学习和成长，你会发现不一样的自己。

四是失去抱怨。三毛曾经说过："偶尔的一次抱怨是某种情感的宣泄，也无不可，但习惯性的抱怨而不谋求改变，便是不聪明的人了。"人都喜欢接近美好的事物和正能量的人。喜欢抱怨的人无时无刻不在向别人释放负能量，像汽车排出的尾气，浑浊且难闻，让人不自觉地想逃离。抱怨是将自己从原本可以靠自己努力获得美好的世界中抽离，亲手将自己慢慢地推向阴暗的深渊。

我们总说人与人之间是相互的，殊不知，人与生活之间也是相互的。当你消极地对待生活的时候，生活也会消极地对待你；如果你减少抱怨，积极面对生活，生活也会给予你美好的东西。真正成熟的人，都会选择后者。失去抱怨，是一个人成熟的开始，也是一个人人生变好的开始。

愿每一位女性都能独立自信、懂得控制情绪、与自己和解、停止抱怨，成为真正成熟的女性，散发无限魅力。

4/2 人品好的人，才是最靠得住的人

如果我问大家一个问题：你最不愿意和什么样的人合作？

我想答案会有很多,但是总的来说,人品会是人们交往的最重要的评判标准之一。人品好的人更容易获得他人的信任与支持,而人品不好的人,人们只想离得越远越好。

有这样一个故事：唐朝年间，东都留守吕元膺是一个很喜欢下棋的人，常常邀约别人到家中一起下棋。有一次他正和一个棋客下着棋,手下送来一份公文急需处理。于是，他就让棋客稍等片刻，自己便回到书房批复公文。等他批复完公文再度回来下棋的时候，发现了棋局的变化，自己已从之前的优势转为劣势。原来，棋客在他离开的时候偷偷换了一枚棋子，搅乱了原本的棋局。吕元膺并没有当场拆穿那位棋客，而是大大方方认输。只是，从此以后，他再也没有邀约过那位棋客一起下棋了。三毛曾经说过，品德不好的人，不如不要。

品德不好的人，常常自身利益至上，没有做事的底线。可能会为了实现自己的利益而不择手段。如果和一个品德不好的人做朋友或合作，小则丢失财物，大则丢

失性命。

雪莱说："一个人如果不是真正有道德，就不可能真正有智慧。精明和智慧是非常不同的两件事，精明的人是精细考虑自己利益的人，智慧的人则是精细考虑他人利益的人。"我常常和臻尚美的姐妹们说，利他精神很重要。如果一个人心中没有善念，行动没有善举，那么不管是行走于生活还是职场，都会将自己的路越走越窄。

真正人品好、能让人觉得靠谱的人，才是拥有大智慧的人。在今天的臻禧国际家庭教育主题云端发布会上，主持人问海林老师为什么选择与臻尚美合作，他说：选择很重要，因为合作就是合人。价值观和人品，是他在选择与一个平台合作的时候最看重的两样东西。价值观是匹配的基础，人品是根本。

价值观是否一致决定了双方合作的愉快程度，人品则决定了双方合作关系能走多久。在与臻尚美以往的合作中，他深深地认可臻尚美的价值观，也看到了臻尚美团队做事的态度与用心，所以才有了双方持续的合作。人品体现在方方面面，呈现在每一件小事上。人品好的人懂得给自己制定规则，设立底线，有利他精神。

这样的人才是可靠的人，才是值得深交与合作的人。

4/8 嘿，鼓起你的勇气

曾经有人问我：你最佩服什么样的人？我说，我最佩服有勇气的人。当一个人敢于用自己来冒险，敢于体验新的生活方式的时候，其实他是有变化和发展的。这些变化和发展，在很大程度上也会决定了他的人生走向。

在臻尚美的课堂上，我见过对生活充满勇气的女性。当她们做出了一个个勇敢的决定的时候，其实她们的人生也在发生着变化。因为勇敢地选择了优雅仪态，有人遇见了曾经脑海里憧憬的那个自己，有人过上了自己未曾想象过的生活，也有人找到了生命的意义……

歌德说："勇敢里面有天才、力量和魔法。"一个人不是因为有了力量和魔法才勇敢，而是勇敢地做了某件事而获得了力量和魔法，继续往前走。勇气就像方向盘，我们的勇气用在哪里，车就往哪里开。不知道大家最近是不是被臻尚美的直播链接刷屏了？在很多人不了解直播行业并且充满不确定性的情况下，臻尚美依然勇于尝试。

直播对于臻尚美来说是新的尝试，是一家企业的勇气；对于导师来说，依然是一份勇气和挑战，从线下到线上，是一种新的方向，也是成长。勇敢的人，总会走别人不敢走的路，我相信他们也会遇见别人不曾经遇见的美好。因为，勇敢的人总是带着胆怯一起往前走，在别人不敢的时候，他们敢于尝试，才走向了灯火通明。

我们人生的每一次选择，其实也是勇敢与懦弱之间的较量。

很多年前，在要不要放弃外企的工作去追求自己的理想这个问题上，我也在勇敢与胆怯之间徘徊了很长时间。后来，勇敢战胜了胆怯。因为我知道，人生其实就像一次次的博弈，赢了，我就会离自己的梦想更近一步；输了，大不了回到起点。

可是无论结果如何，这个过程我一定是有收获的，不是吗？我的勇气也决定了我的人生走向。我从一个朝九晚五的企业基层员工，踏入了另一条赛道，如今做着自己热爱的事业，不断朝着梦想前进。有时候我们做一件事明明知道它是对自己有利的，甚至还可能会改变人生，可事到临头，往往又瞻前顾后，难以下定决心。就像跳伞，明明很想挑战，也知道安全措施十分到位，并不会有生命危险，但大多数人的第一次跳伞几乎都是被教练推下去的。可是，生活中没有教练，没有人能在背后推你一把。很多事情，你只能靠自己，鼓起勇气，勇敢地跳下去。

所以，做一个勇敢的人吧。把懦弱这件事留给别人，让我们做勇气的君王。因为，在勇气的国度里，并不是万丈深渊，而是广阔的蓝天。

4/14 有时候，你需要改变你的关注焦点

有人说，你的焦点在哪里，答案就会在哪里。是的，在一般情况下，你专注于某一件事，可能就会有所获得。然而，有些事情，你越是关注，反而会越痛苦。比如，那些不如意却又无法改变的事情。这时候，改变关注焦点，可以对抗痛苦和绝望，让你从痛苦和绝望的世界抽离。

著名心理学家弗兰克尔在“二战”期间被纳粹逮捕关押在集中营里。一个人无法对抗强大的纳粹力量，集中营里地狱般的生活像一场灾难摧毁了他的世界。近乎绝望的他也想过用轻生的方式结束这痛苦的囚徒生活。后来，每当感到绝望并想轻生的时候，他就强迫自己把关注当下痛苦的焦点转移到回忆过去的幸福时光。他回忆过去和妻子一起看望母亲，一家人欢快地聊天；在座无虚席的礼堂做演讲，观众报以阵阵掌声和欢呼声；还有自己最喜欢的爬山……

那些美好的回忆，像电影一样在他的脑海里一幕幕回放，他在回忆过去的场景里感受到幸福好像还在身边。凭借着关注焦点的转移，他心里重燃起了新的希望。他相信自己有一天绝对能从集中营里出去，找回曾经的幸福日子。

终于，他熬过了地狱般的囚徒生活。面对困境，有时候我们虽然无能为力，不能改变困境本身，但可以把注意力转移到能令人愉悦的、更积极有益的事情上。否则，就可能将自己困在困境所带来的负面影响中不能自拔，走向极端。

改变关注焦点，也许就能找到新的出路。

有这样一个故事：一个国王遇到了一个难题：墙上画了一根细线，如何在不碰到那根细线的情况下，让细线看起来更细？国王盯着那根线百思不得其解，越想越痛苦，越痛苦就越想解出来，陷入了一种恶性循环。无奈之下，他不得不贴出告示

重金悬赏。日子一天天过去，依旧没人能解答出来。直到有一天，有一位高僧经过，在那根细线旁边画了一根粗线。众人恍然大悟，细线在粗线的对比下，看起来更细了。

原来大家都把注意力放在了细线上，只想着在细线本身上下功夫，但又在条件的限定下无可奈何。只有高僧改变了关注的焦点，画了一根相对更粗的线来衬托细线。改变关注焦点，并不是说一遇到不如意的事就逃避或置之不理，只是当你意识到无法改变事情的时候，你可以把关注的钟摆从痛苦的一头甩到能让你感到不痛苦甚至愉悦的一头，这样你才有可能迎来下一个转机。

就如当下的疫情。有人活在疫情的痛苦之中，有些人把关注的焦点从疫情的影响转移到个人能力的提升，不管任何时候都不放弃自己的成长。受疫情影响，如今许多分院无法正常开课，许多导师也无法正常上课，从而恐慌、焦虑。其实，每一场危机都存在着机会。至于是危机还是机会，关键在于你把焦点放在哪里。

比如最近开设的 7 天线上《爆客营》就是在无法改变大环境的客观事实下转移焦点的做法。事实证明，这一个转移，也为许多人创造了更多的可能性。所以，如果遇到了不能改变的事实，不如转移焦点，下一个转机就在新的焦点之上！

4/16 他们的每一步，都是勇敢与热爱

今天是无比激动人心的一天，“太空出差三人组”平安回家了！看着直播，听到那铿锵有力的接力报告“01 感觉良好，02 感觉良好，03 感觉良好……”的时候，内心无比激动和自豪。当看着三位航天员陆续出舱，微笑着招手并接受采访的时候，真的是热泪盈眶。

他们远征星辰大海，在太空遨游了一百八十多天，为我们带来了许多“宇宙级浪漫”和“世界级惊艳”。让我们向航天精神致敬！在一代代航天人的身上，我们看到了无数闪耀如星辰般的美好品质。而这些品质，也正是我们普通人在通往梦想之路上不可或缺的。

热爱

太空之旅是一场冒险之旅，而航天人最不缺的就是冒险精神。他们的每一步，都是勇敢与热爱。据资料显示，叶光富从长春飞行学院毕业后的十年时间里，平均每两年调动一次，辗转多个省份，改装飞行过五种机型。每变换一次机型，每到一个单位，就得清零，从头开始。

可无论到哪儿，他始终坚定地热爱飞行事业，热爱蓝天。他说：“每个人在通往太空的路上都要经历无数严格的选拔和艰苦的训练，很多人一等就是几年、十几年，甚至是一辈子。就像幼苗在春天破土而出之前，它一定是经历了一个漫长寒冬的积累和积蓄。”

不管如何，叶光富未曾放弃，每一位航天人亦是如此。他们的热爱便他们长期坚韧不拔的坚守，他们的热爱是战胜无数艰难险阻的勇气，更是为了航天事业甘愿付出生命的奉献精神。是翟志刚 2008 年执行飞行任务的那句“即使回不去了，我们也要让五星红旗在太空飘扬”，也是中国首位女航天员刘洋在被问到“万一回不来了”时引用《悟空传》的回答——“若一去不复返？”“便一去不复返。”

唯有热爱可抵岁月漫长，也是因为真正的热爱，才会为了梦想奋不顾身，奉献一生。

坚持

每一次意气风发的出征，背后都有着无数不为人知的苦练和拼搏。曾经看过一个王亚平训练的视频，为了适应太空的失重，她穿着 120 多公斤的装备入水，进行长达四小时的无间断训练。天上五个小时的任务，在地面上就要做五十个小时的水下训练。训练结束后，航天员的体重都能降低一至二公斤。尽管精疲力尽，还面临着身体受伤的可能性，她依然在每次训练后保持着最温暖的笑容。航天员的训练非常具有挑战性，需要无比强大的意志力才能支撑下去。

王亚平曾在接受采访时说过，训练的时候，航天员手边都有一个红色的按钮，如果坚持不下去了可以随时请求暂停，但是这么多年来，从来没有人摁下过那个红色按钮。那些我们常人看来难以战胜的困难，在航天人日复一日的坚持下，变得如同家常便饭一般。

利他

每一位航天人的身上都肩负着使命。他们为了心中的使命，为了完成任务，往往牺牲了许多“小我”的时光。看过《环球人物》的一篇报道：翟志刚的母亲在生命的最后阶段卧病在床，那时翟志刚作为备份航天员出现在了神舟五号发射出征仪式上。母亲从电视上看到了朝思暮想的儿子，翟志刚的哥哥也看出了母亲对弟弟的想念，于是提议说给翟志刚打个电话。翟志刚母亲却说：“别打扰他，他是国家的人。”即使是十分想念，也只是搬个凳子到院子里坐着，等天空偶尔飞过飞机，再抬头看看那与儿子同在的蓝天。

为了他人，为了中国的航天事业，无数航天人奔赴在“哪怕牺牲小我，也要贡献自己一份力量”的道路上。他们的故事，也是无数航天人的故事。正是因为一代代航天人的努力，我们的航天事业才不断发展，才让太空变得不那么遥不可及。

在我们的生活与事业中，也充斥着这样那样的困难。如果我们通过航天人的故事，学习他们的品质，我想那些我们认为的困难也许就不难克服。

最后，向每一位航天人致敬，向每一位航天人学习！

4/19 为什么越忙越应该学习

学习，是我们每个人一辈子的功课。

但是，有人认为学习需要仪式感——一个洒满阳光的早晨，再配上一杯浓郁的咖啡……也有人常常以“有很多事要忙，没有时间”为借口而不愿意去学习。其实，越忙越应该学习。一个成熟的成年人，可以有学习的仪式感，但也应该具备“尽管很忙，也要随时随地学习”的能力。

因为越忙越学，学习效果更加明显；越忙越学，能缓解忙碌带来的焦虑；越忙越学，是一种强大的自律。一个人在忙碌中往往能更深刻地发现自己的不足之处。这时候学习，其实是一个发现问题并及时解决的过程。

当工作与学习合二为一，学习的动机就会更明了，成就感会更高，效果也会更明显。很多人学习像无头苍蝇，不知道要学些什么；也有人的学习像鱼一样只有七秒记忆，学了就忘记。这两种情况主要是由于学习的动机不够明确，或者学了也还停留在思维层面，缺乏行动的机会。只有学习动机明确并能及时付诸实践，学习的效果才能呈现最大值，工作的能力也会直线提升。

忙碌中学习，是缓解焦虑的最好良药。人越忙就越容易产生焦虑的情绪。这种焦虑的原因在于短期内忙碌没有得到期待中的回报，从长期看又对未来没有一种可控感。

学习，就是最好的缓解焦虑的良药。在忙碌中坚持学习，从短期来说能解决燃眉之急，可以通过学习解决一些简单又见效的问题；从长期来说，可以给自己的未来注入一种掌控感。就像一个螺旋式上升的过程，你的成长看似很缓慢，又好像一直在转圈圈，但其实每转一圈就是往上升高了一层，离终点又近了一步。

忙碌中学习，是一种强大的自律。很多人一但忙起来，就会把自己原本制定的一些计划抛之脑后。如果一个人在忙碌中还能坚持学习，是一种强大的自律。

董卿在节目上说过自己不管多忙，每天都必须保证有一个小时学习的时间。有时候是在录节目的路上，有时候是吃饭的间隙，在忙碌中也要保持像一个冲刺者一样争分夺秒去学习。如果一个人在忙碌中仍然能保持学习的状态，除了展现出自身强大的自律，也不会让自己的计划被打乱，生活就不会失控。同时，如果一个人在忙碌中仍然能保持学习的状态，我想没有什么可以打败这样一个从不停下步履的人。

忙碌是我们的人生常态。越忙越学习，你的学习会更有效率，你成长的速度也会更快。

4/27

生活能治愈的，是愿意自愈的人

杨绛先生曾说：“这个世界上没有不带伤的人。”人生在世，每个人的心灵都会遭受这样或那样的创伤。真正能抚平我们内心的伤的不是时间，也不是别人，而是你自己。因为生活是你自己的，别人也许可以助你一臂之力，但不可能治愈你，只有你才可以治愈自己。自愈就是内心的河床从干枯走向丰盈的过程。

在《蛤蟆先生去看心理医生》一书中，蛤蟆先生患上了抑郁症。他的朋友们不忍心看到曾经快乐活泼的蛤蟆先生如今一副病恹恹的模样，在看到报纸上刊登的心理咨询广告后，纷纷劝说他去看心理医生。蛤蟆先生无法拒绝朋友们的关心，于是答应去看心理医生。第一次见面，心理医生苍鹭问他：“是谁让你来的？”蛤蟆先生不假思索地回答道：“河鼠。”苍鹭说：“能让你来的，只有你自己。”那是蛤蟆先生第一次认识到人生是自己的，只有自己真的想改变了，人生才能真正得到改变。

否则就算别人说再多，也没什么用。

在心理医生的指引下，蛤蟆先生开始正视自己的内心，慢慢审视过去和思考未来，从最初的“别人让我来的”到最后变成“我自己想来的”。最后，蛤蟆先生一步一步走出了抑郁的情绪，对未来充满希望。

书中说：“没有人能让我们产生感受，除非他们用蛮力威胁你。说到底，是我们选择了自己的感受。我们选择了愤怒，选择了悲伤。”是的，人生有时候是选择题，如果你选择了悲观，就会以悲观的方式过一生；反之你选择了快乐，就算内心有很多悲痛，生活有许多褶皱，最终也能慢慢抚平。

人的一生阴晴不定，有雨天，有阴天，也有艳阳天。自愈就是即使身处雨天，也要走到阴天，奔向艳阳天。史铁生，在风华正茂的年纪因残疾坐上了轮椅，生命为他奏响了痛苦、绝望的乐章，那些人生的理想、生活的斗志，都化为泡影，用他的话来说就是：“生命对我已经失去了任何吸引力。”亲朋好友的劝说、母亲的爱护与担忧，都不能冲淡他对死亡的渴望。人影稀疏的天坛公园是他逃避一切的最佳场所，常常一坐就是一整天。

后来，母亲的去世和一部叫《城市之光》的电影给了他生的启示：“死亡是迟早的事，既然还活着，不如看看有没有什么解决办法。”于是，他便想到写作。在往后的人生，他用笔杆代替双腿，行走在世界上，再也没想过结束自己的生命，也写出了许多出色的作品。其实，人的脆弱和坚强都超乎想象。一个人可以弱到弱不禁风，也可以强到无坚不摧。关键在于，你是否愿意治愈自己。

愿意自愈的人，即使被风吹落在寸草不生的悬崖峭壁上，也能开出热烈的花朵；不愿意自愈的人，哪怕是落在再肥沃的土地，也孕育不出生命。人生茫茫如大海，是否能到达彼岸，不是看载你的船能抵御多少风浪，而是看你在遭遇风浪后，是否还能治愈自己，继续往前走。

生活能治愈的，是愿意自愈的人。

4/28 向内归因，才能少摔跟头，少走弯路

分享一个故事。有一位老太太总是抱怨对面房子的太太懒惰，说："那个女人真是懒惰，她晾在院子里的衣服永远都洗不干净，上面的污渍都还在，真是搞不懂……"

直到有一天，她的朋友到她家做客，她和朋友说起了这件事。结果，细心的朋友发现根本不是对面太太洗衣服洗不干净，而是她家的窗户有污渍，导致她以为别人懒惰，没有把衣服洗干净。这个故事告诉我们，向外看的人，看到的都是别人的问题；向内看的人，才能看到自己的问题。而很多时候，往往自己的问题才是根本。

当事情没有达到自己的预期，或者人际关系不理想的时候，如果向外归因，那么心中只会有抱怨和气愤的情绪，生活会越来越糟糕，如果向内归因，才会不断完善自己。孟子说："行有不得，反求诸己。"一个人只有懂得向内归因，才能不断修正自己，提升自己。如果凡事都指责他人而不反省自己，那么会在自己认为的正确的世界里一步步落入迷途。反省是一面镜子，可以映照出很多我们自身的问题。如果你丢弃这面镜子，就丢掉了认识自我与提升自我的机会。

顾长卫导演的电影《立春》中，心高气傲的黄四宝一门心思只想考美术学院，奈何连续几年都落榜了。考不上美术学院，年近三十了也没有一份正经工作，逢人就说自己怀才不遇，常常借酒浇愁，自诩这是艺术家的风范。后来再落榜他也没有检讨自己，反而埋怨自己的母亲，怪她没有把自己生在富贵人家。他的表哥看不下去，一针见血地指出问题："我看你是眼高手低，好吃懒做，整天怪别人，你干吗不怪自己呢？"

一个人有问题或者犯了错，都不是最可悲的事，最可悲的是从不肯正视自己的

问题，也不懂反躬自省，明明是自己的问题还要把失败归咎于他人。为自己的失败寻找替代品，活在自我构建的梦幻世界里，成长的列车只会离他越来越远。

只有善于反省，凡事向内归因的人，才能少摔跟头，少走弯路。愿你我都有这样的自觉，吾日三省吾身，做更好的自己。

5/23 十六个字改变你犹豫不决的性格

你是一个犹豫不决的人吗？犹豫不决的人思前想后，有无数个虚幻的自己在脑海里打架，可是最后伤害的却是真实的自己。如果犹豫不决的性格让你常常有溺水般难受的感觉，不妨看看曾国藩的十六字座右铭，学会做一个不犹豫的人。

曾国藩的四个处世法则是：第一，物来顺应。第二，未来不迎。第三，当时不杂。第四，既过不恋。

1. 物来顺应。拥有一副“既来之则安之”的心态，事情来了就顺应它，结果产生了就接受它。我们没有时光机，不能回到过去。我们要做的是接受已经发生的，改变可以改变的。像顺应四季的变迁一样接受事情的发生。不应是在今年的春天懊悔去年夏天的花没有开好，而应是不要错过今年的风雨和阳光，全力以赴去生根发芽，拥抱下一个蓬勃的季节。

2. 未来不迎。不要为还未发生的事情担忧，如果事情真的要发生，担忧也没用。而且有些事情越想就越容易让人焦虑。焦虑不仅解决不了任何实际问题，从某种角度来说，焦虑还会增加生活的烦恼。所以，千万不要让还未发生的事成为我们前行路上无形的绊脚石。我们所担忧的还未发生的事，往往是我们自己制造的假想敌，是在透支自己的精力。人无法预测未来，与其担忧未来，不如做好当下的每一件事，减少未来的遗憾。

3. 当时不杂。专注于做好眼前的事。每一个“现在的瞬间”都会构成“未来的模样”。做好当下的事情，才不会让未来的自己遗憾。如果一个人一心二用，顾前思后，那么很可能会做不好当下的事情，对未来的事情又束手无策，最终一事无成。只有心无旁骛地做好当下的事情，才是对未来最好的慰藉。所以，做一个没有太多杂念的人，让自己变得更加纯粹，让生活更加纯粹。

4. 既过不恋。有的人喜欢沉湎于过去的辉煌或伤痛，从而在过去的辉煌里迷失自己或在伤痛中沉溺下去。对于已经发生的事，不管好坏都不要再留恋。昨天的事已经成为历史，不可能像播放电影还可以再来一次。我们可以回忆，但不要活在过去。活在过去的人，永远看不到新鲜的晨光。

要有一颗勇于和过去告别的心。不管好的坏的，我们都笑着挥一挥手说再见，然后以清零的状态赶往下一趟旅程。因为人的精力有限，人只有向前看，生活才会越来越好。不要在犹豫中蹉跎了岁月，错失了美好。犹豫不决其实是一种深刻的精神内耗，尽管什么都没做，但是也会让人感到疲累，看不见生活的意义。

不做思想上的空想者，要做行动上的实干者。只有这样，才能真切地捕捉到每一个美好的生活瞬间。

5/30

一个故事告诉你：你追求的幸福就是珍惜所拥有

分享一个小故事。有一位妇人总是抱怨自己的生活不好，伴侣不够优秀，孩子没有别人家的聪明，并为此愁眉苦脸。于是，她决定去附近的寺庙寻找让生活美好的方法。到了寺庙，一个老和尚把她带到一座山面前，问她这座山怎么样，妇人回答说这座山很美。老和尚说那你跟我上山走一趟吧。走着走着，妇人从刚一开始欣赏这座山的美景变成了抱怨山路如何崎岖，蚊虫如何多。经历了艰难的攀爬到达山顶后，老和尚问妇人："你现在对刚才看到的山的感觉如何？"妇人说这座山不好，路上石头很多，不好走，树也没长好，杂草丛生。随后指了指远处对面的山，说："我觉得对面那座山更美。"老和尚笑了笑说："你为什么能看到对面的山，是因为你脚下踩着的山抬高了你的眼光。"

当你刚开始认识一个人的时候就像是看远山，等你接触了、了解了之后就是上山。山还是那座山，只是人心变了，因此才会有一开始觉得很美，后来认为不美的差距。这个故事告诉我们，真正的高山，是有一颗懂得珍惜的心。一个人只有珍惜现在拥有的，才会得到真正的幸福，否则永远都是这山望着那山高。

人的一生会看到、遇到许多美好，但并不是所有的美好都能围绕着自己。我们可以不断追求美好的人和事，但是也要懂得珍惜现有的幸福，否则，填不满的欲望和不懂珍惜会将你伤害得遍体鳞伤。曾经有记者问一位明星："同在演艺圈，你羡慕那些一二线明星吗？"她回答："羡慕，但是我觉得自己现在也挺好的。"记者问及原因，她说："相对于其他行业，演员这个行业挣钱已经容易很多了，而且红有红的烦恼。我现在是没有那么多流量，但是能够从事自己喜欢的工作，并又没有太多外界的关注和打扰，我已经很知足了。"

世界上美好的东西无尽无穷，你以为得不到的永远是最好的，但是当你得到后你依然会发现它的不如人意之处。所以，在追求其他美好事物的时候，也要珍惜自己手上已经获得的美好，这样在得不到的时候才不会那么痛苦。

人心不足蛇吞象，抱怨太多，伤害就会越多。如果总是渴求那些没有得到的而忽视自己现有的幸福，那最终会得不偿失。相反，珍惜现在拥有的，保持一份平和的心态，可能会发现生活中更多的美好。

7/18 多做事，少抱怨，生活才会变得更美好

曾经看过蔡康永的一段采访，他说："和喜欢抱怨的人一起相处会让我觉得活着很没劲，因为他消极的情绪会把我的能量都吸走。"在我们身边也会有这么一些人，他们总是抱怨自己身材不好，却从不付诸实际行动；抱怨孩子不听话、学习成绩也不好，可作为家长却从未寻求过改变的方法；抱怨工作没有起色，却没从想过提升自己……

抱怨，在很多人看来可能是无心之语，但它却具有一种强大的负能量，既会传染给身边的人，又会像一种慢性疾病一样渐渐侵蚀一个人的身心。

作家三毛说："偶尔抱怨一次人生可能是某种情感的宣泄，也无不可，但习惯性地抱怨而不谋求改变，便是不聪明的人了。"鲁迅笔下的祥林嫂便是这样的人物：第一任丈夫去世后，婆婆为了给小叔子筹备彩礼，强行把她卖给了山里的一户人家，生下儿子后，儿子又惨死狼口。这原本是一个非常让人同情和怜悯的妇人，可她最后却成为一个让人喜欢不起来的悲剧角色。这一切，都是因为她怨气太重了。她逢人就诉说儿子遭狼衔走这一事，人们始而同情，久之讨嫌，常加以奚落。最后她被逐出鲁家，流落街头。

其实，再值得同情的经历，一而再再而三地拿出来抱怨，它就会变成一件不值得同情的事情。因为在别人看来，你是一个内心不够强大，生活在井里却从不抬头仰望天空的人。

曾经有人问我：你既是三个孩子的妈妈，又是在全国有着几百家连锁分院的创始人，平时还要给学员们上课，在这些身份的交替变换之间，每天都要处理大量的事情，真的没有抱怨过吗？偶尔我也会觉得精疲力尽，但是我从来不抱怨。我深深

地懂得，抱怨不会让事情变少，也不能让忙碌凭空消失。而且一个人一旦陷入抱怨的消极情绪中，她的意志会被摧毁，她的热情会被削减。这样，只会让一切变得更加糟糕而已。

与其把时间花费在抱怨上，不如把时间和精力用在解决问题或者改变的心态上，这样才能跳出困境和谜团，迈向雨后天晴。

王小波说："人的一切痛苦，本质上都是对自己无能的愤怒。"与其时时抱怨，不如事事改变；与其处处诉说，不如静静默然。

多做事，少抱怨，生活才会变得更美好。

7/25 人生因果都在爱里

爱，是什么？相信每个人心中都有不同的答案。

爱，需要学习吗？弗洛姆在《爱的艺术》中写到，爱不是我们与生俱来的一种本领，而是需要通过后天习得的能力。爱，存在于空气中，融入每个生命里，是我们每天都要面对的课题。知道爱，感知爱，学会爱，正确表达爱，传递爱，应该是我们每个人的功课。

曾经有则新闻：一名高三的孩子因在学校与同学产生冲突被母亲批评，在高速路上一气之下开车门从桥上跳了下去。母亲不懂如何表达爱，用错误的方式教育孩子；孩子也无法感知到母亲的批评是出于爱，冲动之下结束了自己年轻的生命。当时我看到这则新闻，感到痛心又惋惜。如果他们懂得如何感知爱、学会爱、正确表达爱、传递爱，那么，我想这场悲剧就不会发生。生活中，也有很多人缺乏这种能力。

有人内心充满爱，但不懂表达；有人明明被爱，却觉得对方不爱；更多没有被无条件爱过的人，不相信自己值得被爱。因而他们与父母有鸿沟，与爱人有猜疑，与朋友有裂痕……

不妨试着换种方式，去感知爱、回应爱、传递爱，让爱意包围我们的生活。

有人说，生意场上只有利益，没有朋友。往往也有很多人因为过于看重利益而忽视了爱，把生意场切换成战场，明争暗斗上演着断杀的戏码。其实，不管是亲人爱人，还是同事朋友，抑或是未曾谋面的陌生人，没有爱的关系，中间就像横亘着一把利剑，随时都可能刺向对方的心脏。人与人之间相处，如果有了爱，我们就不会把物质的得失排在第一位，也不会为了物质而互相伤害。有了爱，就可以让关系变得融洽，减少各种不必要的争吵与麻烦。

三毛说："人活在世界上，最重要的是拥有爱人的能力，而不是被爱。我们不懂得爱人，又如何被人爱。"在人生的道路上，爱是一门必修课，同时也是一条不断成长的路。知道爱，就会多一份理解，少一份抱怨；拥有感知爱的能力，不为生活中的琐碎小事所烦扰，就会每天都活在喜悦中。

拥有爱的能力，就懂得包容，不会遇事斤斤计较；学会正确表达爱，人生就少一些遗憾，多一些美好；学会正确传递爱，人生将更加富足！

7/29 一个人最深的教养，藏在细节里

看过一个故事：一个小姑娘晚上回家，在小区电梯门口碰到几个喝了酒的壮汉，正惴惴不安的时候，其中一位壮汉仿佛看穿了她的担心与害怕，笑着对她说："小

姑娘你先上，我们坐下一趟，免得你害怕。”这一个小小的细节，不仅诠释了什么叫“心有猛虎，细嗅蔷薇”，还体现了一个人的教养。

常言道：细节决定成败，小中见大重过程，细节之处见教养。一个人的教养，往往藏在每一个细节里，在你的举手投足之间。

记得有一年央视的《开学第一课》邀请到一位重量级嘉宾——著名的翻译家许渊冲先生。

当时的许渊冲先生已经96岁高龄，满头白发，坐在轮椅上。为了表示对老先生的尊重，同时也为了让老先生能够听得清晰，主持人董卿多次跪下来进行采访，三分钟跪地三次，被网友们称赞为“跪出了最美的中华骄傲”。一滴水可见大海，窥一斑而知全豹。细节相当于试纸，可以测出一个人的素质和境界。董卿的三次跪地，是细节，也是她刻进骨子里的温柔，更是她内心深处的教养。

细节是平凡的、不起眼的，需要用心去做、去体会。然而，细节也是极其容易被人忽视的。不经意间的细节表现了一个人的真实状态，也最能反映一个人的教养。每年夏天，广州的天气热得像蒸笼一样，即使在开着空调的室内练习优雅仪态，也会汗如雨下。有一次我经过教室，看到学员们满头大汗，为了不影响动作的完整度，助教天使们拿着抽纸流转在学员之间，一边为她们擦去身上的汗水，一边为她们纠正、指引动作。

细节往往因其“小”，而容易被人忽视，掉以轻心；因其“细”，也常常使人感到繁琐，不屑一顾。助教天使们为学员擦去汗水这一细微处的体贴与周到，是一种温暖，也是一份教养，被许多学员赞美着。

细节的表现形式有无数种，但每一个细节都体现出深藏在一个人内心的教养。它可以是“不随意打断别人的讲话”“吃饭不吧唧嘴”“借了别人的东西放回原位”，也可以是“双手递或接别人的东西”“雨天开车在有行人的地方减速慢行”“经常用‘谢谢’‘请’等字眼与别人对话”等等。摄影里有个术语，叫“微距”，就是将镜头无限接近一个物体，放大它的每一个细节，让人们的视野进入一个独特的微观世界，从而发现细节之美。

有时候我们做事情，也可以换上这样的镜头，放大别人不会注意的微小细节，把一件事尽量做到极致。

7/30 自律的你，人生很美好

西奥多·罗斯福说："有一种品质，可以使一个人在碌碌无为的平庸之辈中脱颖而出，这个品质不是天资，不是教育，也不是智商，而是自律。"自律，几乎所有人都知道它的重要性，可是真正做到的人却寥寥无几。有人天天喊着减肥，可始终迈不开腿管不住嘴；下定决心要好好学习，依旧终日躺着玩手机打游戏；制定了一堆计划想要完成某件事，却总是三天打鱼两天晒网……

这是一个物欲横流的时代，我们每个人都有一颗躁动的心，想坐享其成，想快乐躺平。殊不知，只有自律的人，才能够脱颖而出，成就大事。

我们经常羡慕娱乐圈的女明星，她们颜值高，身材好，才艺俱佳。可是，她们光鲜亮丽的背后，一定有着高强度的自律和努力。不老女神赵雅芝十年如一日坚持运动和保持良好的作息时间，六十多岁依然皮肤紧致，精神饱满，完全看不出年龄。在《声临其境》中，韩雪用一腔流利的英语折服众人。我相信，这份荣耀的背后同样是无数个日日夜夜的自律和努力换来的。像她们一样自律的人，在娱乐圈数不胜数。

也许你会说，她们是明星啊，有钱有时间有精力，本身又比普通人优秀，当然可以保持自律。可是，这个世界上的有钱人千千万，并不是每一个人都能做到自律。而且，优秀的人也不是天生优秀，即使有一定的天赋，也需要后天的不懈努力和无数个日日夜夜的坚持。

她们的精彩，有自律的功劳。

自律，不是对懒惰的道德压制，或是对自我的刻板约束，而是我们主动选择的、愿意继续下去的生活方式。在臻尚美，也有无数女性因自律而拥有了不一样的人生。原本是全职太太的艳芳老师，在每天上完课之后回到家对着镜子一个人练习，体重从 120 斤降到标准体重 100 斤，一改以往全职太太的形象。主持人晨美老师连续几个月坚持练习优雅仪态，从一个身材臃肿、彪悍的女子，成了如今温婉优雅的模样，并凭借自己的努力成为一名主持人。

像艳芳和晨美一样的人，还有很多很多。她们靠着自律和汗水，为自己的人生画上了不一样的色彩。有时候，拉开人与人之间距离的其实就是自律带来的差距，那些不被看好的坚持、那些被嘲笑和否定的努力，最终都会用别人意想不到的方式惊喜亮相。

譬如，每天坚持聆听兰子心空间，也许生活的谜团会在某一天突然就解开了；每天坚持阅读，你的知识面和谈资会慢慢变得广博而丰富；每天坚持练习形体，每一个动作都将刻进你的骨子里面，成为你的气质和前进的力量。

我们每个人的心里都住着另一个自己。自律，就是在与自己内心的懒惰、欲望抗衡。这种抗衡，不是喊口号，也不是间接性踌躇满志，而是持之以恒的行动。

人生没有捷径可走，你有多自律，人生就会多美好。

8/1 赞美，是人间最美的礼物

分享一个身边的小故事。

臻尚美的小兰老师在成为优雅仪态导师之前，几乎所有人都不看好她，认为她形象糟糕，颜值一般，性格大大咧咧，是个彻彻底底的女汉子，与大家心目中的优雅仪态导师有极大的差距。

看到课堂上那么多优秀的姐妹，她自己也极不自信，甚至都不敢说出自己未来想成为一名导师的梦想。当我知道她的梦想之后，我跟她说了一句话："小兰，你是独一无二的存在，你性格爽快，真诚善良，是我要打造的潜力股。"

正是这句赞美，鼓励着她不断前进，最终在去年成为储备导师，今年正式到分院授课，并且以自身的成长与故事，影响了很多人。

心理学家威廉·詹姆斯说过：人性最深刻的渴望就是获得他人的赞赏。是的，我们每个人都希望得到别人的赞美与肯定，而不是批评与指责。

如果一个人长期得到他人的肯定与赞美，他（她）就会更容易发现自我价值，感受到自己的力量，从而成长为更好的自己，拥有更幸福的人生。

其实，不管是在职场，还是在家庭，或是其他社交场合，都需要赞美。发自内心地真诚赞美别人，会让我们的生活更加和谐美好。

很多人在恋爱的时候，都是情人眼里出西施，认为对方做什么都是好的。可是，一旦步入婚姻成为最亲密的人之后，曾经的许多美好就不复存在了，甚至开始彼此恶语相向。

"你怎么那么窝囊？"

"你看你每个月就挣那么点钱，你再看看人家。"

"你看你就是个黄脸婆。"

"一天到晚在家带孩子，啥也不干，就知道花钱。"

著名的心理学家杰丝·雷尔曾说："称赞对温暖人类的灵魂而言，就像阳光一样，没有它，我们就无法成长开花。"

当你把赞美当成日常情感生活的润滑剂时，两个人的世界必然充满了阳光和雨露。当你每天把批评与指责挂在嘴边，生活的矛盾便会接踵而至，日子将越过越糟。

赞美与指责都是一句话，却是天与地的差别。

如果你注意观察身边的人，就会发现在幸福的家庭里，都有喜欢赞美别人的人。一句简单的发自内心的赞美，可以让两个灵魂更相爱，让幸福更绵长。譬如“你今天很漂亮”“你煮的饭菜真好吃”“你是世界上最棒的那个人”。

我们每个人的心里都深埋着一颗需要被人赞美与肯定的种子。当这颗种子得到赞美的雨水或阳光，它就获得了破土而出的力量，蓬勃地向上生长。

因此，我们不妨在教育孩子的时候，多一些赞美，让孩子的成长伴随着自信与阳光。

在对待年迈的父母时，多一些赞美，让父母更惬意与舒适地度过每一天。

在对待伴侣的时候，多一些赞美，让彼此的感情更加幸福甜蜜。

在与同事共事的时候，多一些赞美，让工作更轻松更高效。

赞美，是人间最美的礼物。

愿我们每一个人每一天都能送出“赞美”这个礼物，并且也能收到同样的礼物。

8/7 真正聪明的人，在外处事圆融，在家温暖相伴

有人说：“看一个人的品性如何，不是看他怎么对待外人，而是要看他怎么对待家里人。”

因为，对待外人彬彬有礼，有可能只是处世圆滑，而将好态度留给家人，才是深入骨髓的教养。生活中，你会发现有一些人，对外人都是和颜悦色的，对家人却是另一副面孔，甚至把脾气和坏情绪都留给了家里人。在我看来，对外人和气，对家人发脾气，这是一种非常不理性的行为。

有人说：“最爱你的人，往往就是伤害你最深的人。”

因为，越是亲密的人越了解对方的弱点，在发生冲突的时候，说话不注意分寸，往往会造成不可挽回的伤害。

在钱锺书的小说《围城》中，男主人公方鸿渐在娶了孙柔嘉为妻子后，因二人的婚姻不被双方家人看好，各自心里都憋着一口气。后来，在坏情绪不断的累积下，他们还是爆发了。

方鸿渐失业后，孙柔嘉想让姑妈给他介绍工作，方鸿渐却不领情，嘲笑她靠关系，骂她“是亲戚的哈巴狗”。

孙柔嘉听后很生气，挖苦方鸿渐没啥本事，脾气倒不小，骂他“是朋友赵辛楣的走狗”。

两人的争吵像拉锯战一样，你一来我一回，把对方的痛楚挨个儿说了一遍，最终让两人关系陷入了危机中。

家庭，应该是温暖的港湾，是每个人心灵的归处。如果在家管不住自己的脾气，那么，家庭很有可能就是一个人的噩梦。

我很喜欢一句话：“不要把脾气和暴躁留给你最亲近的人。”

把好脾气留给家人，家庭才能和谐美好。主持人李静曾经分享过她的故事：从央视辞职后，她投入了创业的浪潮中，但由于经验不足，损失了差不多两百万。那段时间，是她的人生低谷。每天有处理不完的工作，还要到处应酬以求得合作，顶着入不敷出的巨大压力，情绪一度崩溃。尽管如此，她也从不把坏情绪带回家。尽管压力巨大、身心疲惫，但在下班回家之前，她都会把眼泪擦干净，整理好自己的情绪，再去面对家人。如今，李静已经是身价过亿的企业家，家庭也是一片和谐美好。

曾国藩曾说：“只有家和，自己在外当官或领军才不会有后顾之忧；只有家和，自己才能在同僚面前、下属面前说得起话来；只有家和，才能福自生。”

我想：对待家人最正确的方式是，把坏情绪留在门外，把好心情带回家。愿我们每个人都能做一个聪明的人，对外人和气，对家里人也和气。只有这样，我们的生活才会越来越美好。

8/11 丰富自己，胜过取悦别人

曾经有位朋友跟我诉苦，说她每天都过得很累。问及原因才发现，原来，她一直都在取悦别人。生活中，她宁可压抑自己的想法和意愿，也要事事迁就他人。职场上，她从不拒绝别人的要求，以此换取领导与同事的欢心。

屠呦呦说：“不要去追一匹马，用追马的时间种草，待到春暖花开时，就会有一批骏马任你挑选；不要去刻意巴结一个人，用暂时没有朋友的时间，去提升自己的能力，待到时机成熟时，就会有一批朋友与你同行。”

与其取悦别人，不如努力让自己开阔眼界，提升技能，充盈生活。

因为，丰富自己，胜过取悦他人。

一、丰富自己，开阔眼界。

网上有人问:“人与人的差距,真的在于努力程度吗？”有一个获得高赞的回答是:“在于眼界。所谓努力，其实是眼界到位的结果。”不管是读万卷书，还是行万里路，抑或是用金钱去获取知识，我们都要不断努力打开自己的眼界与格局。只有见过世面的人，心中有格局的人，才不会一味地通过取悦别人而获得自身的满足感。因为，眼界开阔的人，有清晰的认知，有成熟的心智，懂得取悦别人其实是在忽略自己内心的真正需求。而真正聪明的人、有眼界的人，懂得我们活着不是为了取悦世界与他人，而是取悦自己。

二、丰富自己，提升技能。

作家晚情说过：“丰富自己，比依附他人更有力量，种下梧桐，自有凤凰来栖，你若盛开，蝴蝶自来。当你变好了，你的世界也会跟着好起来。”最近火遍全网的奥运冠军全红婵，在成名之前，没有去过游乐园和动物园，家里住的是破旧的房屋，最大的愿望就是赚钱给妈妈治病。当她在东京奥运会上一跳成名的时候，她的世界仿佛一下子就变得丰富起来。网友送她的辣条和玩具堆满家门口，商家和企业又是送车送房又是送现金，医院承诺免费给她妈妈治病。尽管拒绝了商家与企业的好意，但她所取得的荣耀，都源于她不断提升自己的技能。每天陆上跳水训练 300 个，水上跳水训练 120 个，若是有一个动作不到位，则要加练 10 个。

全红婵完美诠释了一句话：自己丰富才能感知世界的丰富；自己善良才能感知世界的美好；自己坦荡才能逍遥地生活在天地之间。

三、丰富自己，充盈生活。

曾经有位老师跟我说，在来臻尚美之前，自己的世界只有老公与孩子，每天囿于厨房，生活单调得犹如一张白纸。那些年，她在那个小小的天地里始终走不出去。看别人眼色、取悦他人是常有的事。

来到臻尚美之后，日子一下子就有了厚重感，也不再需要取悦哪个人了。

每天上课下课，日渐累积的知识慢慢充实着她的内心；在成为导师后，她经常出差到不同的城市，领略了许多从前不曾看过的风景；每天与形形色色的人打交道，自己的世界也不再是一座孤岛。

充盈了自己的生活之后，日子都有了明快的节奏。

不取悦他人，不以他人的悲喜为自己的悲喜，也不用为了他人委屈自己。就如歌手陈粒说的那样：不赶什么浪潮，也不搭什么船，我自己有海。

让我们去丰富自己，活出自己的世界。

8/12 最好的投资，就是投资自己

前几天，小米创始人雷军的年度演讲受到了无数网友的关注。他以“我的梦想，我的选择”为主题，讲述了小米创办十一年以来的一些故事。2018年，小米在香港上市。定价的时候，雷军毫不犹豫地选择了以最低价上市，目的是希望小米的股票能够像产品一样价格厚道。但是，让雷军意想不到的是，小米股价开盘后却破发了。

此后，小米的股价在很长一段时间里跌宕起伏不定，最低的时候甚至跌到了8港元，雷军几乎崩溃。投资人也找上了门，从小米的战略到产品及管理，把雷军像小学生一样训了一个多小时。

后来，雷军问了自己一个更关键的问题：如果他是投资者，他会不会买自己的股票？雷军说：“我是一个很自信的人，也一直坚信，最好的投资就是投资自己。如果我们自己都不相信自己，怎么说服别人相信自己？”

于是，在董事会的支持下，小米掏出36亿元，在均价9.35港元左右的时候买了大量小米的股票。

有的人因为相信而看见，有的人要看见才相信。

雷军就是那个因为相信而看见的人。后来，小米的股价一路高歌猛进，“破发”给雷军造成的心理阴影也终于烟消云散。

最好的投资，就是投资自己。对于这句话，我深以为然。

它并不是名人与成功者的骗局，而是我们这些平凡普通的芸芸众生也可以相信的真理。我们生命的光辉也许不辉煌，但同样可以投资自己，让自己闪闪发光。

曾经，我从事着一份普普通通的工作，每天早九晚五，生活毫无波澜，一眼可以看到头。当我学会投资自己，把自己的积蓄与时间都投入优雅仪态行业，并且为

之不断努力奋斗的时候，曾经那些遥不可及的梦想，都一一触手可及了。

我相信有许多臻尚美的姐妹，也同样体会到了投资自己的成就感。在遇见优雅仪态之前，很多人几乎是不投资自己的。不投资自己的形象，不投资自己的大脑，不投资自己的社交关系，每天把精力都给了老公和孩子，让自己躺平，最终停止生长，与社会脱了轨。走进臻尚美课堂之后才发现，每一个爱自己的人，都懂得为自己投资，投资自己是最正确的选择。

投资自己，可以让自己不断增值，不断变强，纵使外界风雨变幻，也能处于不败之地。

有人说，自己没有钱怎么投资？其实，投资自己不一定是金钱的投资，也可以是时间、精力、学习等等。投资自己，把时间与精力投入到你最有价值产出的地方，比如阅读、写作、学习、专业深挖等等，而不是刷抖音、刷剧，让时间白白浪费，毫无价值产出可言。

时间不会说话，但是能看得见。你的每一次为自己的投资，都会以不同的形式在你的生命中制造回响。因为，你走过的路，每一步都算数。

8/14

不要在乎别人的冷嘲热讽，
相信你选择的最重要的事

分享一个身边的小故事：臻尚美的梓华老师在成为优雅仪态导师之前，她身边的人几乎都不看好她。尽管她身为优雅仪态的受益者，形象与内心都有了极大的改变，可当她把“想成为一名优雅仪态导师，帮助像她一样自卑的人”这个想法告诉自己的亲朋好友的时候，最先得到的不是鼓励，而是带着嘲讽意味的否定和质疑。类似“你

不适合这一行，别白费力气了”“你那么矮，怎么可能成为导师”“优雅仪态那是有钱人的消遣”这样的否定和质疑声，围绕在她的身边。

这些声音，也曾使她心里自卑的小怪物渐渐膨胀，但她最后还是凭借强大的内心，无视了这些声音，在质疑与否定中坚定内心往前走，最后成为一名导师，站上了全国的舞台，与她最初的梦想同轨。梓华老师的故事告诉我们，不要在乎别人的冷嘲热讽，相信自己的选择。只有这样，你才能在梦想的路上不偏航。

我们无法控制别人的言论，却可以控制自己的思想。

当别人对你抱以冷嘲热讽时，你只要坚定自己的内心，相信你选择的重要的事，并为之不断努力，未来有一天，你所坚信的会在土壤里盛开一朵花。

但丁说：“走自己的路，让别人说去吧。”我们活在这个世界上，并不是为了获得别人的认同与拥护，而是为了实现自我价值。如果我们过于在乎别人的想法，就会被别人的言论而左右，我们内心真正的想法也就得不到妥当安放。我们可以将对方的冷嘲热讽当成一种动力，这样就可以更好地完善自己，让自己变得更优秀。

我想，这才是冷嘲热讽的最大“功绩”。

贾玲当初在春晚的舞台上一夜成名之后，随之而来的也有别人的冷嘲热讽。别人嘲笑她长得臃肿肥胖，叫她别说话了。当她传出恋情的时候，依然被嘲讽：“哟，贾玲也谈恋爱了？”歌手周深在成名之前，被老师推荐去参加市区的合唱比赛，拿了第一名，遭到了别人的嫉妒，正值变声期的他，被人嘲讽声音不男不女。

面对别人的嘲讽与攻击，或许他们也曾有过短暂的低落，但是他们始终坚信自己的道路——贾玲坚信自己的作品能带给观众快乐，周深坚信自己的歌声能传递情感与力量。

直到现在，他们用实力证明了自己，那些嘲讽的声音也渐渐消失不见了。

作家高尔基说：“所谓才能，是相信自己，相信自己的力量。”相信你选择的最重要的事，心平气和地看待别人的冷嘲热讽，不为之所动，不为之所困，总有一天，我们会有属于自己的勋章。

8/16 心想事成的人，赢在执行力

曾经有人问我，创业最主要的是什么，是金钱与资源，还是产品与定位？不可否认，以上这些要素都非常重要，但我想最主要的还是执行力。扎克伯格说：决定人生高度的从来不是做事的完美程度，而是做事的速度。当你做事的速度足够快，执行力足够强，你会深信：这的确是一个最好的时代。

在海尔有一句管理口号叫："日事日毕，日清日高。"即每天的工作当天完成，每天的工作要清理并且有所提高。正是这种自上而下、具有超强执行力的管理方法，让海尔从当初的一个濒临倒闭的小厂，发展成为称雄国内外市场的企业集团。其实不光是海尔，如果你仔细观察，你会发现那些站在金字塔上端的人物或企业，他们往往都拥有比一般人或企业更强大的执行力。

我国的奥运健儿在东京奥运会结束回国后，隔离期间没有专业训练设备，每天依然不忘训练打卡，为下一次比赛做准备。

演员蒋欣在真正成名之前，不像别人一样坐等着剧本上门找，而是主动出击争取"华妃"一角，并为之做了许多功课，于是后来凭借华妃一角爆红。厉害的人各有各的厉害之处，但执行力是他们所共有的特点。

执行力是一种持续的专注的力量，它能让我们清楚地知道自己要怎么一步一步做下去，从而带给我们个体的自律以及做事的效率。

马斯克曾说过："很多道理人类都是共通的，关键是执行力，对道理的思考和超强的执行力，才是人与人存在差距的原因。"大家都知道，想要减肥就要管住嘴迈开腿，想要变得睿智就要不断学习与积累，想要健康就要有良好的生活习惯…….

道理大家都懂，却往往缺少了执行力。"明天再说吧""下次再做吧""等我有空"，这些也许是我们常挂在嘴边的话，却是缺乏执行力的表现。

有的人想法很多，但是一直停留在“想”的阶段，从未跨越到“做”的阶段。想法如果没有落地，那一切都将是纸上谈兵，徒劳无功。

有人说：这世上 90% 的人都轮不到拼天赋和智力，拼的是努力和执行力。很多人在不了解我之前，都以为我要么是一个“天赋型的创业者”，要么是一个有着优渥家庭的人，所以才能在短短几年时间内把臻尚美做大做强。

其实，不管是生活还是工作，我都是一个执行力比较强的人。我喜欢今日事今日毕，有想法马上就去行动。抛开优雅仪态本身对女性的吸引力以及这个市场巨大的需求不说，如果没有果断的执行力，总是在观望，那我想再好的机会也可能从我的手中溜走。

有时候，事情的成与败的差距就在于“动手做了”和“没动手做”。

如果你想要做成某一件事，那就果断执行起来吧。这种执行力，既不是三天打鱼两天晒网，也不是三分钟热度，而是要持之以恒的行动与专注。只有这样，执行才能发挥真正的力量，才能到达我们想要的远方。

8/17 战胜恐惧，让生命有更多自由与可能性

看过一个很有意思的故事：一位心理学家把学生们带到一个没有开灯的屋子里，里面有一座窄窄的桥。心理学家问谁敢从这座桥上走过去，学生们一个个自告奋勇并且都顺利地走了过去。随后，心理学家打开了一盏幽幽的灯。借着微弱的光线，学生们看到了桥底下是漆黑不见底的水潭。这时候，心理学家再次问，谁敢从这座

桥上走过去？尽管有些犹豫，大部分学生还是小心翼翼地踏上那座桥走了过去。这时，心理学家又打开了一盏灯，学生们看清了水潭底下有数不清的食人鱼游来游去。心理学家又问，谁敢从这座桥上走过去？全场一片沉默，几乎没有学生敢踏上那座桥了。

与此同时，心理学家独自一人淡定从容地走了过去。在学生的惊叹声中他又打开了一盏灯，只见桥和水潭之间有一张细细的铁丝网，学生们面面相觑。心理学家说：其实，我们每个人都可以走过这座桥。但是，当你内心被恐惧充斥着的时候，这座桥便成了我们难以逾越的一道坎。

我们每个人的内心都有自己恐惧的东西。有人恐高，一生错过了许多高处的风景；有人怕水，一辈子都不敢靠近泳池；有人害怕孤单，心里总是没有安全感；有人不敢在公众场合发言，一站上舞台就浑身发抖，脑子一片空白……但是，在我看来，很多时候有些恐惧是我们强加给自己的，就如富兰克林·罗斯福说："我们唯一恐惧的就是恐惧本身。"

在臻尚美，我看到过许多内心渴望舞台却又恐惧在公众场合演讲的人。她们总以为自己离舞台很遥远，更害怕出丑和被人笑话。恐惧就像稳稳地扎在土壤深处的老树根，盘根错节地占据着她们身上每一条神经。

臻尚美湛江分院的晶晶老师第一次站上舞台发言的时候，因胆小和恐惧，还没说完一句话就紧张得全身颤抖，眼泪也跟着不争气地流了下来。后来，为了克服这种状态，她把稿子背得烂熟于心，与内心的自己展开了一段深沉的对话，一遍又一遍暗示自己，不断给予自我肯定。尽管后来也没有一次就成功，但她在多次的尝试中生出了崭新的力量与勇气，让她渐渐不再害怕在公众场合发言了。去年，她成了导师，在全国分院授课，备受好评。

有人说："勇者不是没有恐惧，而是战胜恐惧。"勇者不是感觉不到害怕的人，而是能克服自身恐惧的人。我想，只有克服恐惧，曾经被恐惧支配的空间才能打开，阳光才能照进来点亮我们隐藏的角落。每件事都有两面性，恐惧并不像我们想象中的那么战无不胜攻无不克，恐惧的背后隐藏着一份礼物，当我们打破内心的恐惧，就能得到这份宝贵的礼物。

愿我们每个人都能战胜恐惧，让更多的自由与可能性进入到我们的生命中。

8/18 人与人的差距，来自于思维方式

记得在五月份的全国市场会议上，我与大家分享了我的《兰子心学与人生战略》课程，从生命软件升级、财富软件升级、人生战略蓝图三个方向展开了讲述。

其中，讲到“升级生命软件”的时候，我当时说过一句话：“如果你的思维不打开，心不改变，那么世间万物都不会改变，你永远不会获得自己想要的人生。”

因为，思维决定行为，行为决定结果。而人与人之间的差距，也来自于思维方式。

亚里士多德说过，凡是善于考虑的人，一定是能根据其思考而追求可以通过行动取得最有益于人类东西的人。同样是摆在地上的几块砖，有人看到的是一堆乱石头，有人看到了它的组成和作用，有人看到了它正在构建起的摩天大楼。同样是优雅仪态，有人以为它是上流社会人士的一种消遣方式，有人看到了这个市场的一片蓝海，有人看到了这是可以推动社会文明与进步发展的一股力量。一个人的思考模式如何，将决定他要走一条什么样的道路。

我相信，有很多臻尚美的家人在学习优雅仪态之前，都是奔着改变自身形象、提升气质、做一个优雅女人而来的。可是，学习了之后，思维也跟着发生了改变，很多人在不知不觉中找到了自己人生的新方向。她们不仅把优雅仪态做成了一份美丽事业，也越来越清晰地认识到自己的社会责任，并投身其中，找到了人生价值。思维发生改变，人生就会大有不同，就如同我在课堂上分享过的：世界无限，除非

自己画地为牢，自我设限。

人与人之间的差距，来自于思维方式的不同。

有人说："普通人改变结果，优秀的人改变原因，而顶级优秀的人改变模型。"在跌入低谷的时候，有人想的是总结过去的失败经验，时刻准备着东山再起；有的人却是意志消沉，借酒浇愁，一蹶不振。在遭遇不公的时候，有的人只是一味地埋怨老天的不公平，却没有丝毫改变之心；有的人却可以化不公为动力，开辟出一片新天地。

同一件事，不同思维模式的人做，效果就会截然不同。哲学家叔本华说："世界上最大的监狱，是人的思维意识。"如果思维不打开，就是将自己的人生画地为牢，把自己困在一方小小的世界里，如坐井观天的青蛙，以为世界只有自己看到的那般大小。我们只有不断学习，不断增长自己的见识，不断推倒思维的墙，才能走出那口井，看到天外天、人外人，活出人生的精彩。

9/1 趁还来得及，别让遗憾成为人生的主题

曾经有一家杂志以"当你老了，一生最后悔什么"为主题，对全世界六十个国家六十岁以上的老人进行了一次调查问卷，最后统计出了全球排名前五件让人感到"最后悔"的事：

第一名：90% 的人后悔年轻时努力不够导致一事无成；

第二名：73% 的人后悔在年轻的时候选错了职业；

第三名：62% 的人后悔对子女教育不当；

第四名：57% 的人后悔没有好好珍惜自己的伴侣；

第五名：45% 的人后悔没有善待自己的身体。

虽然这个世界上没有完美的人，也没有完美的人生，我们的一生也充满了各种大大小小的遗憾，但是，趁现在还来得及，不应该让“我本可以”的事，成为我们在垂暮之年的遗憾。

一、努力，让自己有所成就。

少壮不努力，老大徒伤悲。这是我们从小就无比熟悉的一句箴言，可是想躺平的人依旧很多。有很多人在应该奋斗的年华选择了安逸，最终碌碌无为，毫无收获。等到时光远去，蓦然回首自己的人生时，对自己的过往后悔万分。所以，趁现在还没有老去，趁还有时间和精力，为自己的梦想而努力奋斗吧。就如拿破仑说的：“我们应当努力奋斗，有所作为。这样，我们就可以说，我们没有虚度年华，并有可能在时间的沙滩上留下我们的足迹。”

二、正确选择职业。

有很多人在年轻的时候都不知道应该如何选择自己的职业方向，于是，有人看哪个行业赚钱就一头扎进哪个行业，有人听从家里的安排从事稳定的工作，到头来却发现越做越痛苦。那么，我们应该如何正确选择职业呢？

首先要选择自己喜欢的事。因为，唯有热爱可抵岁月漫长，唯有热爱不畏世间无常。当你从事的是自己喜欢的事，就算再苦再累，内心也是幸福而丰盈的。其次要选择自己擅长的事。我相信，做自己擅长的事，在擅长的领域里全力以赴，做到极致出色，往往更容易成功，更能获得幸福感。

三、好好教育孩子。

鲁迅先生说：父母存在的意义，不是给予孩子舒适和富裕的生活，而是，当你想到你的父母时，你的内心会充满力量，会感受到温暖，从而拥有克服困难的勇气和能力，以此获得人生真正的乐趣和自由。家庭是孩子的第一座学校，父母是孩子的第一任老师。

作为父母，我们不仅要成为孩子的榜样，也要用正确的方式指引孩子的成长，让孩子有一个快乐的童年，去奔赴美好的未来。

四、珍惜自己的伴侣。

不管是现实生活还是电视剧，我们都看到了许许多多“失去了才懂得珍惜”的故事。电视剧《三十而已》中陈屿在离婚后才发现妻子钟晓芹的好，后悔没有好好珍惜自己的另一半，于是踏上了艰难的“追妻火葬场”之旅，才又挽回了这段婚姻。

现实中，也有很多人以为结婚了就不需要像恋爱时那么用心经营一段关系，于是，对很多事都不上心。然而，任何关系都需要用心经营才能长久。如果你爱一个人，请珍惜他，多一些关爱与理解，少一些埋怨与争吵，不要等到失去了才懂得珍惜，那样只会追悔莫及。

五、善待自己的身体。

对人生来说，健康并不是目的，但它是第一个条件。

如果我们的人生是由一个“1”和许多个“0”组成的，那么身体就是“1”，只有善待自己的身体，拥有一个健康的体魄，后面的“0”才有意义。有许多人仗着年轻，一直在做看似无关紧要却是在透支健康的事情，比如酗酒、长期熬夜、暴饮暴食等，等到有一天躺在了病床上才彻悟：身体是革命的本钱，拥有一个健康的体魄，比什么都重要。

因此，不管什么年纪，我们都要善待自己的身体，用健康武装身体。这世界上能用钱买到的东西有无数，唯独买不来后悔药。所以，趁现在一切还来得及，我们应该努力过好每一天，善待自己的身体，珍惜家人，做自己喜欢的事，别让遗憾成为人生的主题。

9/8 从自卑到自信，只要做到这三点

在这个世界上，没有完美的人。我们每个人心里或多或少都住着一个自卑的“小怪物”。有时候这个小怪物在我们心里一闪而过，轻飘飘的像一阵风来去匆匆，有时候像一块沉重的石磨压在心头上，扰乱我们的心绪，影响我们的生活。

那么，如何赶走自卑的小怪物，让自己变得更自信呢?

第一，你要放弃完美的想法。

在这个世界上，不存在完美的人，每个人身上都有优点和缺点。因此，你要放弃完美的想法，不要用完美主义来苛待自己，也不要在心里无限放大自己的缺点而对自己的优点视而不见。我知道，很多自卑的人往往不好意思接受别人的夸奖，一旦有人夸奖，就会觉得这是别人对自己善意的安慰，认为自己受之有愧。

我们应该用放大镜看待自己的优点，并欣然接受别人的夸奖。在面对自己不完美的时候，也要学会接纳自己的不完美，不要担心那些爱你的人会因为你的不完美而失望。真正爱你的人不会因为你的不完美而不爱你，爱你的人最希望看到的是你脸上有微笑，眼里有光芒，心中有爱。

所以，放弃完美的想法，甩掉心里的包袱，让生活更轻松快乐。

第二，你要放弃讨好别人的想法。

自卑的人往往喜欢取悦别人，以为用讨好就能换取别人的认可，以为通过付出和给予，就能找到自己的价值，而常常忽视了对自己的奖励和付出，忽略了自己的需求和感受。可是，真相往往是，当你讨好别人的时候，你只能得到对方施舍的同情，而不是真正平等的对待。

我们应该认清一个现实，只有自己真正强大了，才会得到别人真诚的尊重。

因此，我们应该把取悦别人的心思，花到自己身上来，好好爱自己；把关注别人的时间用来学习和成长，比如阅读一本书，看一部好电影，报个兴趣班等等。真正的自信，不是别人喜欢你，而是你喜欢你自己。只有真正爱自己，认可自己，才能真的从心底建立起自信的高墙。

第三，你要找到自信的点，然后行动。

如果你每天都只是待在家里无所事事，虚度光阴，那你永远都不可能告别自卑迎来自信。

因为，时间不会偏袒任何人，虚度光阴的人，只会让自己更自卑。我们每个人都有自己擅长的领域，我们要学会找到能让自己变得自信的点，然后行动起来，朝着这个方向做到极致。比如，曾经我认为讲课可以成为我的闪光点，于是我不断充实自己，争取站上舞台的机会，在日复一日的累积中，讲课真的就成了我最为骄傲的一个点，我也从中获得了很多能量，让自信慢慢住进了心里。

如果你把一件事做到极致，你会从这件事上得到很多满足感与自信感，这种自信感会扩散到你身上的每一个角落，为你的生命增添光芒。因为，在自己擅长的领域，会比在自己不擅长的领域更加从容自信。自卑与自信的距离其实并不遥远，只有一步，那就是行动。

如果你想赶走住在你心里，一直在折磨你的自卑的小怪物，那就请牢记以上三点，并且行动起来。我相信，终有一天，你会遇见那个自信从容的自己。

9/14 只有让自己无可替代，才不会被淘汰

人生就像一个大舞台，我们每个人都扮演着不同的角色。但是，有些人不断地

被淘汰，有些人却能始终稳稳地站在生活的舞台上演绎着自己的生命。那么我们不禁要问，人与人之间的差距，到底是怎样拉开的？白岩松说：“一个人的价值和社会地位，跟他的不可替代性成正比。”你只有让自己无可替代，才不会被淘汰，才能在舞台上闪耀光芒。

分享一个国外的故事：

有一位叫贝尔蒙多的小伙子，出生在巴黎的一个贫困家庭。他长相普通，天生迟钝，十几岁的时候就被迫辍学了。在所有人看来，他命运的最终走向，都会是一个无所事事的没有任何前途的人。他的母亲托人找了关系，把他送进了巴黎一家豪华的大酒店做小伙计，帮助一位甜点大师洗水果、调配料等。由于相貌普通，没有任何特长，在那里每个人都可以对他指手画脚。但是他对这些都毫不在乎，在打杂的时候，他会默默地记下甜点大师做甜品的方法，并尝试着自己做甜品。

在不断的尝试中，他独创了一种甜品，就是把两个苹果的果肉放进一只苹果中，并且从外表看不出来是两个苹果拼起来的，果核也都很巧妙地去掉了，吃起来特别香甜。后来，他做的甜点被酒店一位非常尊贵的客人发现了。在此后的时间，只要那位贵宾来酒店用餐，都点名要贝尔蒙多做的那道甜点。

那几年，巴黎经济萧条，酒店每年都会裁去一定比例的员工。然而，毫不起眼的贝尔蒙多却没有被裁掉。因为，他是整个酒店唯一会做那道甜点的人，而那位客人又是酒店非常重要的客人，酒店为了稳住客人，不得不留下他。

贝尔蒙多的故事告诉我们，只有具备了别人无可替代的才能和本领，才能让自己在生活的舞台上站稳脚跟，不被时代的洪流淹没。

如果仔细观察，你会发现那些有所成就的人身上往往具备其他人不可替代的东西。譬如：韩红的高音能让她在看重颜值与身材的娱乐圈始终占有一席之地；杨洋的军人气质让他与其他流量明星区分开来；孙俪的演技让她一年只接一部戏也不会被观众遗忘……一个人只有具备别人无可替代的东西，发挥无可替代的作用，才能从根本上与他人区分开来，从而让自己立于不败之地，才能长久稳定持续地发光。

如果你做的是每个人都可以做的事，或者你总是习惯了人云亦云，没有丝毫自己的特色，那么被淘汰只是时间的问题。人生在世，我们每个人都有自己独特的禀性和天分，也都有自己独特的实现人生价值的切入点。

因此，我们应该发现自己的禀赋，然后尽一切努力地发挥自己的优点与特长，就算不能成为世界的焦点，也要让自己在人生的每一个小舞台上闪耀独一无二的光芒。

9/19 做女人，就要做高价值女人

有人说，女人一定要活得高级。而我想说，女人最好活得有高价值。

高价值女人，并不是说你要有多少钱，而是要看你值多少钱。张桂梅老师，她相貌普通，一生清贫，买不起豪车豪宅。可是她化身为大山女孩的翅膀，帮助她们通过知识改变命运走出大山。

张桂梅老师无疑是一位高价值女性，她能在做好本职工作的基础上，创造出巨大的价值，为社会做出影响深远且有意义的贡献。当然，并不是说每个人只有做出了像张桂梅老师那样伟大的贡献，才是高价值的女人。

但归根结底，高价值女人一定具有独立的思想、独立的人格、独立的经济能力，不用依附他人，既有一个人面对生活的勇气和底气，也有两个人携手奔赴未来的魄力，更有承担起一个家庭甚至社会责任的能力。

这些年，我长期与女性群体打交道，我见过很多有钱又漂亮的女生，但她们经常会觉得自己不值钱，对自己的“自我价值感”特别低。

我们常说：“长得漂亮是优势，活得漂亮是本事，长得漂亮不如活得漂亮。”

高价值女人往往不是靠颜值，而是靠来自内心的力量。电视剧《都挺好》中的苏明玉，生长在一个重男轻女的家庭。父母认为女孩迟早都是要嫁人的，读那么多书没有多大用处。尽管她从小成绩非常优秀，也不被父母平等对待。为了省学费，母亲偷偷篡改了她的高考志愿，导致她错失了读重点大学的机会。从小被身边的人灌输女孩子读书没有用的思想，而她却不为之所动。为了证明自己的价值，也为活出自己的价值，她一边上学一边兼职，从最基层做起，一步一步成长为独立、自信的女人。

高价值女人，可以像苏明玉一般，通过自己的努力，在职场中独当一面，在爱情世界里不卑不亢，在那个曾经被“欺压”的家庭中也有了绝对的话语权，在工作、家庭、人际交往中进退自如，运筹帷幄。如果有能力，也可以让自己拥有美好生活的同时，在力所能及的范围，为更多人带去美好。这是我们普通人的高价值体现之一。

高尔基曾说过：“一个人的价值，决定于他自己。”

自己价值的体现，全数掌握在自己的手中。所以，一个女人要想成为高价值的女人，那就要懂得塑造自己，不仅仅是外在的修饰，还有内在的雕刻。

在臻尚美，有很多人从活得“无价值感”到“有价值感”。这种认知的转变，首先来源于自身的成长。优雅仪态不仅使她们从外在颜值、生活态度、个性审美、穿衣打扮等方面发生了改变，更重要的是她们内心的力量比以前更加强大。

她们有的找到了人生新的方向，从事着一份优雅的有爱的事业，既为自己和家庭创造了财富，也在帮助他人；有的因为优雅仪态的加持，让生活的幸福感更上一层楼……高价值女人，能从自己身上获取幸福感，也能为别人创造幸福感。

所以，女人保持高价值的秘诀，绝不是牺牲自我，放弃自己的事业，一心一意做贤内助，而是不管在任何时候都始终保持成长，保持学习，让自己永远奔跑在人生的赛道上。

9/23 不做观众，参与者才能抓住机遇

托富勒说：“一个明智的人总是抓住机遇，把它变成美好的未来。”可是，怎样才能抓住机遇呢？在我这里答案是：不做观众，去成为参与者投身其中。只有迈开行动的步伐参与其中，才能遇见机遇，抓住机遇，创造美好未来。

认识我的人都知道，我出生在一个普通的家庭，学历不高，也没有倾国倾城的美貌。

按照大多数人的逻辑，我的人生轨道可能就是毕业后从事一份普通的工作，认识一个普通的男人结婚生子，然后平平凡凡地度过一生。

有人说，生活就是一个大舞台，有人在台上闪闪发亮，有人在台下无人问津。

尽管出生平凡，但我的内心却从不安于现状甘于平凡，我不想成为在暗淡的舞台下默默观望和鼓掌的观众。工作后每次发了工资，我都拿去学习，投资自己，成长自己。

在很多人都不知道优雅仪态是什么的时候，我毅然决然地把家里卖地的钱，投身其中学习，成了优雅仪态领域的参与者。在很多人看来这是一种冒险行为。可是我知道，每一个风险的背后往往都蕴藏着机遇，而生活也同样回报了我，让我成为优雅仪态导师。

成为优雅仪态导师之后，我又面临了新的挑战：只有专业，没有感召能力。为了拥有感召的能力，在公司发展还不够稳定的时候，我又花了五十万去学习演说课，成了演讲领域的参与者。后来，我选择了创业，成为创业舞台上的参与者。

然而，在创业的道路上也不是一帆风顺的。作为一个导师，商业并不是我擅长的领域。为了企业的长远发展，为了对团队的人负责，我又花了上百万去学习管理

能力、商业能力。从一个普通家庭的孩子到成为全国几百家连锁企业的创始人，再到如今站在国际的舞台为女性群体发声和谋发展，我从来不做观众，始终都是参与者。

今年，我像一个新的创业者那样重新出发，与各行各界的人发起博鳌国际女性论坛，站上国际的舞台为中国女性群体发声与谋发展，让更多女性因为论坛被赋能，也为了臻尚美能成为百年企业，一直走下去。

这些经历，很多人可能会从心里认可，但是在行动上可能会逃避，可能不想去尝鲜，也不敢去参与，只想慢慢地去观望。

但是我有一颗好奇心并勇于尝试。我永远不做观望者，我只做参与者，我愿意参与其中，就算未来看不着摸不到，但是我知道我自己在做什么。

因为，我始终相信一句话：“你走的每一步路，都算数。”

做观众还是参与者，很多人摇摆不定。选择做观众，意味着你可以旁眼看世界，可以避免“当局者迷”，也把人生的风险降到了最低。可是，做观众有时候其实是一种逃避，逃避内心的恐惧，逃避美好的未来。选择做参与者，意味着你必须为这个事去做些什么，付出时间与精力，甚至有可能不会有“旁观者清”的明朗，迎接我们的只是紧张、迷茫、困顿。然而，这个世界上所有的美好都是从参与开始的，生命真正的精彩也是从我们学会参与并享受其中开始的。

如果你只是驻足观望，你想要的美好生活不会向你走来，只有成为参与者，我们的生命才会更精彩。

10/11 最好的贵人，是努力拼搏的自己

曾经看过一个女明星的采访，主持人问她从默默无闻到跻身一线明星最想感谢

的一个人是谁。原本主持人以为她的回答会是感谢生命中的某个贵人，可意想不到的是她却说："一路走来，我确实遇到了很多贵人，但是除了想感谢他们，我还想感谢自己。贵人固然重要，但是一个人如果自己不努力不拼搏，就算贵人在前，他也没有能力接住别人抛来的橄榄枝。"

这位女明星的故事，让我想起我也经常收到很多人的感谢短信，她们在言语间表示我是她们生命中的贵人，因为我创立了臻尚美，才让她们有了改变自己人生的机会。

其实，她们最应该感谢的是自己，她们才是自己生命中最好的贵人。臻尚美的平台是面向所有人的，对每个人来说也是平等的。如果没有她们自己勇敢而果断的行动，没有他们自己全身心的投入与日复一日的训练，我想再好的平台也形同虚设，最终也会一无所获。

每个人人生中最好的贵人，首先应该是自己，然后才是别人。因为，自己本身是一切的原动力，只有自己跑起来了，才会有风。

有些人喜欢把别人的成功归功于遇到了贵人，而把自己的碌碌无为归咎于时运不济。其实他们没有看到，每一个成功者都在背后付出了大量的努力和汗水。

电视剧《都挺好》中的苏明玉，从一个不被父母重视、受尽哥哥欺负、没有任何背景的人，成为一家集团的销售总经理，大家都说她的成功是因为遇到了生命中的贵人，才飞上了枝头变凤凰。殊不知，她也是从基层做起，一步一个脚印，靠自己的汗水和没日没夜的奋斗才浇灌出了一片属于自己的天地。有句话说："师傅领进门，修行靠个人。"如果自己不努力拼搏，再好的贵人也会像握在手中的沙砾，从指缝间溜走。只有自己坚持了、努力奋斗了，才能够真正地获得我们人生中的财富，化解生命中的那些坎坷、那些艰辛，才能将我们的人生变为自己的人生。

靠山山会倒，靠人人会跑。如果过于依赖别人，指望别人成全自己的人生，到头来输的必定是自己。就如同有一句话说的那样："人一旦有了依赖，就变成了幼儿园里等人来接的小朋友。"

只有努力上进的自己，才是自己最好的贵人。愿每个人都能成为自己生命中的贵人，迎接灿烂的人生。

10/12 做人，千万别透支自己

“知乎”上有个问题：“人是如何慢慢废掉的？”其中有个高赞回答一针见血：废掉一个人最好的方式，就是让他不断透支自己。如果你不想成为废掉的那一类人，那么最好千万别透支自己。

一、别透支健康

人这一生，千万不要透支健康。身体的每一个部分都需要我们精心呵护，如果你总是消耗它却不注重休息和保养，疾病就可能会侵袭你的身体。曾经看过中国新闻网的一则新闻：淮安二十八岁的王先生因腹痛难忍就医，被查出患上胃癌时已发展到中晚期。王先生没有胃癌家族史，但因常年忙于工作，经常饥一餐饱一顿。一年前，他出现腹部胀痛等不适感，但未重视。

在信息化时代，一条条关于年轻人患癌离世的新闻让我们认清现实：别透支健康，否则就是以生命为代价。我们应该时刻关注并善待自己的身体，该休息时就休息，该锻炼时就锻炼。

只有对自己的身体好，身体才会给你更好的回馈。只有拥有了健康，你才能去创造更精彩的人生。

二、别透支时间

莎士比亚说："放弃时间的人，时间也放弃他。"如果你仔细观察就会发现，善待时间的人，时间也善待他，而透支时间的人，大多最后都一无所获。

在我们身边有不少透支时间的人，他们往往把时间花在及时行乐上，而不关注自身长远的发展。于是每天都吃喝玩乐，追剧刷视频，熬夜玩游戏，最终时间赠予他们的只有满头白发和年迈的身躯。

生命有回音，你发出什么声音，就会听到什么。透支时间的人，迟早都会吃到生活的苦。而那些合理利用时间、让时间发挥最大作用的人，才能尝到生活的幸福。

人活一世，我们应该对得起每一寸光阴。不要等到白发苍苍才悔恨自己，再徒说一句"少壮不努力，老大徒伤悲"。

三、别透支信用

人与人之间的信任就像一面镜子，一旦破碎了就难以破镜重圆。因此，千万别透支信用。狼来了的故事告诉我们，透支信用的后果就是孤立无援，与此类似的还有著名的烽火戏诸侯的故事。

周幽王为博得爱妃褒姒一笑，采纳了虢石父的建议，点燃了在骊山用于军情报警的烽火台。一时间，狼烟四起，烽火冲天，各地诸侯一见警报，以为犬戎打过来了，纷纷带领本部兵马十万火急前往救驾。然而，到了骊山脚下，连一个犬戎兵的影子也没有，只听到山上一阵阵奏乐和唱歌的声音，一看是周幽王和褒姒高坐台上饮酒作乐。这时候，诸侯们才知道自己被戏弄了。褒姒见千军万马召之即来、挥之即去，如同儿戏一般，觉得十分好玩，禁不住嫣然一笑。周幽王大喜，为此数次戏弄诸侯们，诸侯们渐渐地再也不来了。后来犬戎进攻，周幽王命人点燃烽火台。可是，被戏弄了多次的诸侯，再也不相信他了。最后，犬戎可以说是不费吹灰之力让西周灭亡了。

我很认同一句话：人与人的关系，就像是银行储蓄，你若真心以待，就是补充收入，你若虚伪算计，就是增加开支。

人生短短不过几十年，希望我们每一个人都能善待身体，珍惜时间，不透支信用，幸福地拥抱人生。

10/12 永远不要低估微笑的力量

和大家分享一个故事：有一位老先生，他的生意做得非常好。别人羡慕之余，也纷纷向他请教成功经验。他说，我生意做得还不错，并不是因为我掌握了什么高深莫测的商业机密，而是因为一件人人都可以做到的事，那就是微笑。在这个世界上，你给别人一个什么表情，别人就会回报你一个什么表情。你给对方一个怨恨的表情，对方就会回报你一个怨恨的表情，并且可能不会和你继续来往；如果你给对方一个善良的微笑，对方就会回报你一个善良的微笑，并一直记在心里。

因此，我的经验就是，当你用一个微笑面对千百个人的时候，千百个人回报你的是千百个微笑，这样，你的人生就可以成大事了。微笑是人的一种专利，是美丽生活中的一剂神秘配方，于无声中散发一股强大的力量。学会微笑，对一个人的工作与生活会有许多益处。以快乐的心怀对待工作，以快乐的心怀面对生活，那么你的工作就一定会做得非常出色，你的生活就会充满阳光。

国外做过许多实验，证明了微笑具有神奇的力量。譬如，外国有一家机构对一个班级的人做了一个为期 30 年的跟踪观察，最终发现那些喜欢笑的人的婚姻要比不笑的人要更幸福，离婚率也比不笑的人小。有人说：“看一个人过得幸不幸福，不是看他拥有多少财富和多大的权力，而是要看她的脸上是否常常挂着笑容。”

幸福的婚姻有很多秘诀，而微笑就是其中之一。婚姻中的微笑，其实是夫妻间的相互包容、理解与尊重。还有心理学家做过这样一个实验，把钱包随机扔到大街上，观察在什么样的方式下，钱包被归还的可能性比较大。结果发现：钱包里面装的东西对钱包归还起到重要作用。装着失主名片的钱包，归还率大概 8%；装着一对老夫妇照片，归还率大概 11%；装一只宠物狗的照片，归还率大概 19%；装一个快乐家庭照片，归还率大概 21%；而装有婴儿微笑照片的最高，归还率大概能到 35%。

这个实验也证明了微笑自有神奇的力量。它可以越过贪婪，击退人性“恶”的一面，激发人性最本真最美好的一面。由于职业的特殊，我拍了大量的照片。可我最喜欢的不是那些修得有多精致、造型摆得多酷的照片，而是洋溢着满脸笑容的照片。

这些照片的背后，我看到了喜悦、幸福的自己，那是最美的我。天后班二阶的课程上分享的神态课，也有练习微笑的环节。这些练习，不仅仅是教会我们一个动作或神态，更多的是通过微笑，让大家看到镜子中洋溢着笑容的美丽的自己，从而重塑内心，提升自信，也提醒我们无论生活怎么样，都不要忘记笑一笑。微笑，一个简简单单的动作，实际上是一种正能量的表现。如果我们经常微笑，养成微笑的习惯，那么在我们的生命里保留的都是正向信息，我们的能量场也是正向的。

当我们拥有了正向的能量场，在人际交往中也能带给他人正向的、美好的能量场，从而拉近人与人之间的距离，这就是微笑的力量。如果你想让自己时刻保持愉悦的心情，让与你接触的每一个人感受到你的真诚与善良，从而促进自己人际关系往良好的方向发展。那就尽情展示自己如阳光般灿烂、热烈的笑容。

10/26 人只有走出来的美丽，没有等出来的辉煌

电影《美丽人生》有一句经典台词：人只有走出来的美丽，没有等出来的辉煌。对于这句话，我深以为然。一个人只有走出去慢慢成长、经历和累积，才能越来越

靠近成功；如果一直停留在原地或处在美好的幻想之中，这样是永远都不会成功的。只有走出去，并且一直在路途中历练，才会成就自己。

我曾经听到有人说：“我没有实现自己的梦想，是因为没等到一个好机会。”其实人生处处都是机会，但并不是每个人都有足够的能力把握住机遇。那些能抓住机遇实现人生理想的人，往往都是始终在努力的人。

看过《甄嬛传》这部清宫剧的人，应该都知道剧中的“瑛贵人”，她的扮演者叫毛晓彤。在其他演员都等着公司给影视资源的时候，她主动跑各个剧组面试，从一个个小角色演起，不断为自己争取角色和积累演艺经验，最终在大制作《甄嬛传》的面试中，因演技过硬，面试时就被导演看重，争取到了瑛贵人的角色。也是这部戏，让越来越多的观众认识了她，她的演技也被越来越多的导演认可，从而得到了更多的机会。

上天眷顾的往往是那些时刻在努力奋斗，并勇敢主动地抓住每一个机会的人，而不是那些每天都幻想着“天上掉馅饼”的人。美丽人生从来都不靠幻想和等待，只有努力奋斗才能实现梦想。

我相信，有不少女性都曾经活在“丈夫负责赚钱，自己负责貌美如花”的美丽幻想中，可是经历了生活的压力之后，才发现生活既不是美丽的童话，也不是田园牧歌，那些美好的诺言轻而易举地就烟消云散了。只有靠自己奋斗得来的生活，才坚如磐石。否则就是美如泡沫，有着美丽的外衣，内心却是空空如也，并且脆弱得一碰就碎。人生的路都是一步一步走出来的，依靠别人来满足自己的幻想不真实，一步登天的故事也从来都是出现在梦中。

如果真的有人一步登天，那一定是因为他踏踏实实地走过了前面的九十九步，才能厚积薄发，有了所谓的一步登天。譬如，如果你看到一个身材好、气质佳的女人，除了天生的优越条件，背后一定还有她长期的自律和自我要求。所谓的幸运和成功都源于自身的努力和付出，如果安于现状、不思进取，终将被淘汰。

我们要相信，人的潜力是无限的，逼自己一把，突破自我，告诉自己“我可以”，才可以慢慢走出属于自己的美丽人生。

10/28

不要问自己什么没有得到，应该问自己得到了什么

我们经常说，世界上任何事物都有两面性。你能从这件事的本身获得什么，关键在于你怎么看待和对待。同一件事，换个心态，换个方式，结果也许就大不相同了。美学家蒋勋在访谈中分享过以前他在卢浮宫做导游的一件事。他的一个朋友带着两个孩子去卢浮宫，由于全家为了这次出行，机票钱花了不少，所以那个朋友就希望在短短几天时间内，给孩子像填鸭式地填进很多卢浮宫的美学教育。参观快要结束的时候，他的朋友问两个孩子："你们还有哪一张画没有看到？"

蒋勋听到这句话，心里有点难过。他跟朋友说自己在卢浮宫四年了，有很多画也都还没看过。他建议朋友换个方式问自己的孩子："你们看到了哪一张画？"他说，我们不要问自己什么没有得到，而是应该问自己得到了什么。

就好比在一个自助餐厅，如果你拿着盘子说我什么都没有吃到，这是非常痛苦的，因为食物那么多，你不可能全部都吃掉。就算你把每样东西都塞进自己的胃吃得很饱了，但有时候这对胃来说反而是一种折磨。但是如果你拿着盘子说我刚刚吃到的某样东西真的是太美味了，那样你就会感到满足和幸福。

所以，我们对自己拥有的东西，应该有一种满足感和珍惜感，否则，人的欲望是无限的，如果你总想着自己什么都没得到，而从不去想自己拥有什么，那么你的快乐将是有限的，焦虑会是无限的。

我曾经思考过一个问题：为什么人在小的时候很容易快乐，长大了反而常常感到痛苦？后来的答案就是，小时候想要的少。那时候的一颗糖，就可以让人快乐一整天。随着年龄的增长，需求变多，我们的心就变得复杂了，快乐也跟着变得复杂起来，不像小时候那样简单。如果你常常感到焦虑或不快乐，不妨试着改变心态，或者以一个小孩的视角，多看看自己已经拥有的。

不管是以前还是现在，我常常感到自己很幸福，因为我经常想到自己所拥有的东西。我有爱我的家人，有自己热爱的事业，还有那么多支持和喜欢我的人。尽管我也常常忙得不亦乐乎，身体也会感到疲倦，但是一想到我拥有这么多美好，我所有的委屈和疲倦就会一扫而空，转化为满满的幸福。

如果我们总想着自己没有的东西，那就真的太痛苦了。世界之大，总有我们得不到的东西。”因此，对自己有的东西，我们要学会珍惜，学会从中找到快乐和幸福；对自己没有的东西，要懂得放平心态，不要为此而感到焦虑或悲伤。

这样，你的人生才会更轻松、快乐。

11/4 如果你想要什么，就勇敢去争取

今天早上收到一则新闻推送，标题为：“九十五岁女院士叶叔华鼓励女性打破‘玻璃天花板’”。我打开新闻看到一段演讲视频，叶叔华院士在世界顶尖科学家“她”论坛上，全英文演讲鼓励女性打破“玻璃天花板”，以行动争取男女平等。

在演讲中，她说她曾经参加过国际天文联合会的一次会议，当时有一位欧洲的女科学家发言说，科学界里对女性存在偏见，她们头顶有一个“玻璃天花板”，女

性很难获得很高的职位。自那之后，联合会中男女有了更平等的地位。叶叔华自己也是一个勇敢为自己争取的行动派。当年求职时，天文台不要女性。她就写了一封长长的信给天文台台长，为自己、为女性争取机会。后来，她成为中国第一位女天文台台长。有一次她到法国访问，被单独提出来鼓励，对方说："为女天文台台长干杯。"她很不服气，放言以后男女台长一定会一样多。

叶叔华院士今年九十五岁了，她的一生都在努力、在争取，全力奔向星辰宇宙，就像她说的那样："如果你想要什么，就勇敢去争取。"

我很认同日本作家池田大作说过的一句话："幸福绝不是别人赐予的，而是一点一滴在自己生命之中筑造起来的。"生活不要等别人安排，你想要的东西，只能你自己去争取。即使争取了不一定能得到完美的结果，但是如果从不主动去争取，就一定什么都得不到。

我相信很多人都被电影《当幸福来敲门》中的那一段视频感动过：男主加德纳得知自己被正式录取之后，走在拥挤的人群中，一边喜极而泣一边为自己鼓掌。我们从头回顾加德纳的人生，你会发现即使处处不顺，他也一直在为自己想要的东西奋斗着，从未放弃过。哪怕是在生活最窘迫、带着儿子流浪街头的时候，他也教育儿子要努力争取自己想要的东西，不要在意别人反对的声音和目光。

我也是一个想要什么东西就勇敢去争取的人。从上学的时候自己利用课间时间学习舞蹈，到工作后辞掉安稳的国企工作，去学习自己喜欢的形象设计，再到后来投身优雅仪态行业，我一直都为自己想要的东西而去努力。

我始终相信，付出就会有收获。不管最后有没有得到自己想要的，但追梦的奋斗过程，一定是一个获得的过程。只有努力过了，才不会给人生留下遗憾。

如果你很渴望某样东西，或很想实现心中的梦想，一定要大胆去尝试，去争取。要记得：时间不等你，感情不等你，成功不等你，幸福不等你。你想要的，必须自己去赢得，去争取！

11/8 学会欣赏别人，让生活更美好

“知乎”上有一个话题：“与人相处最重要的能力是什么？”有人说是沟通能力，有人说自信、坦荡、真诚。我不否认他们的答案，而我觉得除此之外，不可或缺的还有欣赏能力。培根说：“欣赏者心中有朝霞、露珠和常年盛开的花朵；漠视者冰结心城、四海枯竭、丛山荒芜。”

学会欣赏别人，是一种优秀的能力。这背后不仅蕴藏着你发现美的能力，还有你个人的修养和境界。以欣赏的眼光看待周围的人和事物，人和人之间的关系会更轻松美好。很久以前看过一个综艺，节目组邀请几位互不认识的嘉宾一起旅游，让他们一起完成一段异域的背包奇妙之旅。可是前两季播出后，观众们并没有感受到他们旅途的愉快。原来，前两季参加的嘉宾谁都看不惯谁，在旅途的过程中一有分歧就彼此攻击，总是能上演一幕幕撕逼的戏份。节目一结束，他们不仅没能成为好朋友，反而像仇人一样互不来往。后来，第三季的时候节目组同样邀请了几位互不认识的嘉宾，网友们也以为剧情的发展会像前面两季一样。结果，节目播出的时候，第三季的嘉宾相处融洽，一片和谐。节目结束之后，他们也成了很好的朋友。

网友们发现，第三季的嘉宾彼此之间都能发现对方的优点，并发自内心真诚欣赏彼此，也毫不吝啬自己的赞美。在这基础上，他们有分歧的时候不指责，共同完成了某件事的时候，总能收获掌声。而不是像前两季的嘉宾那样，互相指责，互相埋怨。

学会欣赏他人，时时刻刻记住别人的好，可以减少很多不必要的纷争，还可以收获一份弥足珍贵的友情。

我常常跟身边的人说，学会欣赏别人是一种能力，也是自己的一个优点。如果

一个人总是看到他人的缺点而不是优点，那么他很容易活成一座孤岛。如果我们多看别人优点，少看别人缺点，可以得到成长。因为多看别人的优点，学习别人的长处，这样我们会成为越来越好的人。马云曾经在一个演讲上说过："一个优秀的创业者看别人的眼光应该是欣赏的眼光，怀有的是羡慕、谦卑的态度。"因为通过欣赏别人、学习别人可以完成自我升级。这是一种无形的自我提升的方式，既可以让人际关系变得融洽，也可以让事业往更好的方向发展。

古人云："三人行，必有我师焉。"每个人的身上都有他的闪光点。学会欣赏别人，善于发现别人的优点，肯定他们的价值，你的心中就会像看到满天星辰一样美好快乐。反之，就是满地污秽，内心自然是无趣的、痛苦的。

愿每个人都能怀着欣赏的眼光看人看事物，你给出的掌声，可能会在未来某个时刻以某种方式给你以生命的回声。

11/9 真正厉害的人，都是"自燃型"人格

曾经有人问我，成功的秘诀是什么？我无法告知他具体的秘诀，因为成功的秘诀有无数种。但是我告诉他，我发现真正厉害的人，都有一个共同的特点，那就是"自燃"。

何为"自燃"？稻盛和夫说："物质有不燃型、可燃型和自燃型三种。同样，人也可以这样划分。"不燃型的人，是点火也燃烧不起来；可燃型的人，点火就可以燃烧起来；自燃型的人，不用点火自己也能燃烧起来。如果你也想要成为一个厉害的人，自我燃烧必不可少。

如果仔细观察，你会发现不管是那些名人志士还是生活在我们身边的人，但凡

取得了一定成就的，身上都有自我燃烧的品质。前段时间有个新闻，外国一学生在上网课时发现自己的老师竟然是曾经红遍大江南北的演员吴彦祖。视频中的吴彦祖用一口流利的英文，给学生们讲建筑设计专业知识。有不少网友调侃道："明明可以靠颜值吃饭，偏偏要靠实力。"跨界之大的两个行业，吴彦祖还能保持如此专业水平，我想他私下里一定少不了自主潜心钻研。

在臻尚美，也有不少自燃型的导师。在成为臻尚美导师之前，除了在课堂的学习，她们也会穿梭在优雅仪态以外的课堂学习，不断充实自己的专业能力，拓宽自己的人生边界，丰盈自己的内心世界。成为导师后，她们也不会待在舒适圈里，让自己停止成长。

譬如静静老师，从线下课堂转向线上直播，去开辟一个崭新的领域，主动学习有关直播的知识，一遍又一遍调整自己的直播方式，朝着越来越好的方向发展。

自燃有热，自燃带光。我相信，自我燃烧的人，最终会为自己点亮一片天空。

最近几天，我在给院长们上形体课。在这之前我已经很久没有上过形体课了，经常有院长问我："兰子老师什么时候上形体课呀？我们都好想跟你学习。"在我看来，始终保持求知欲并付诸行动也是一种自燃的方式。人只有主动学习，主动成长，才能照亮自己的人生。

有人说，一个人自我驱动的程度，决定他人生的高度。如果一个人凡事主动，在思想上与行动上都自我燃烧，那么他会比不燃的人，更容易获得成功。董卿是一个完美女人，可大家不知道的是，不管每天多累多忙，她都会保持每天最少一个小时的阅读。有人称孙俪是被演戏耽误的书法家，不管是在剧组拍戏还是空闲时间，她只要一有时间就会练习书法。自我燃烧的人，终究会活成一道光，发光发热，照亮自己，也照亮别人。

思想家史蒂芬·柯维有一句人生格言："主动作为，而不是被动听命。"

如果你想成就自己，有所作为，就必须成为自我燃烧的人。因为，只有你主动了，命运的主人才会是你自己，生活的篇章才会由你书写。

11/12 务实的态度，往往最得人心

分享一个故事：有一个大公司高薪招聘司机，主要负责给老板开车。由于关系到老板的出行安全，所以，对司机的要求很高，面试也很严格。招聘广告发出去后，应聘者络绎不绝。经过几轮的筛选，剩下四个面试者难分高低，于是老板亲自面试。最后，老板向这四位应聘者问了同样一个问题："当有一天你开车接近悬崖的时候，你最多能开到多近才停止？"

第一个人当过汽车教练，他说："我可以开到离悬崖 30 厘米的地方就停下来，甚至可以更近一些。"

第二个人的车技很高超，一脸骄傲地说："我可以开到悬崖的最边上，保证既刺激又不出任何问题。"

第三个人原本是军人，他说："您让我开多近我就开多近，我一切听从老板的安排。"

第四个人想了想，很诚实地说："老板，我不知道自己可以开得多近，但我想我应该把车停在离悬崖最远的地方，因为悬崖边很危险。"

第二天，第四个人被高薪录取。

这个故事告诉我们，无论做什么事，都有要务实的态度。务实的态度是一种责任心，有了这种态度才能把事情做好。因此，一定要培养自己务实的态度，不要盲目地炫耀自己，或寻找一些投机取巧的办法随便应付人或事。只有脚踏实地，认认真真地做事，才能赢得别人真正的认可。

我常常看到有导师或助教收到来自学员的锦旗，我想除了在专业上赢得了学员的认可，还有她们务实的工作态度。务实的态度，往往最得人心。反观那些没有务

实态度的人，不仅不会在工作上有所收获，或许还会自毁前程。娱乐圈有一个专业名词叫“数字小姐”，特指那些演戏时偷懒不背台词只念数字，全靠后期配音，不专业不敬业的女性演员。不管观众还是业内人士，都极其反感“数字小姐”。如果一旦被坐实“数字小姐”之名，那么就会遭到观众的抵制、业内的鄙视以及专业团队的封杀。早先，金星在节目中公开痛批“数字小姐”，娱乐圈中的“数字小姐”纷纷浮出水面，并遭到观众的抵制。

在现实生活中，有不少人也不务实，在工作上以为可以通过拍马屁等方式来赢得领导的欢心。其实这种做法是走不长远的，如果不踏踏实实做好自己的事，最终还是得不到他人的信任。

一分耕耘，一分收获。这是一个永恒的人生道理。成功必须靠脚踏实地的努力来实现，那些投机取巧、不务实的态度和做法，就像美丽的泡沫，容易破碎。

愿我们每个人都能怀着务实的心，认真负责地做好人生中的每一件事。

11/19 不追求完美，追求卓越

我相信很多人都听过“木桶原理”，即决定一个水桶能装多少水不是看最长的那块木板，而是要看最短的那块木板。很长一段时间，我也对这个原理深信不疑。于是无限放大自己的不完美，一心想着弥补自己的不足，以至于自己身上的那些闪光点，也因我过分在意自己的不完美而没有被充分发挥出来。

直到后来看到与“木桶原理”相对的“长板理论”，我才恍然大悟。人生于世，每个人都有自己的短板和长项。而且，人的精力是有限的，如果一味盯着自己的“短板”

看而忽略了“长板”，那么你就可能会错失很多机会。当然，我们也不是要对自己的“短板”置之不理，而是可以从“短板思维”转变为“长板思维”。认清自己的优势和劣势，规避“短板”带给我们的伤害和阻碍，让“长板”助力我们获得更好的人生。

所谓的“长板思维”就是集中注意长板，找出最长的长板，甚至把长板加长，让长板的作用发挥到极致。因为，能让一个人闪闪发光的，往往是他身上的长板而不是短板。

韩红曾在节目中被嘲笑身材肥胖，可依然影响不了她的歌声那么深入人心；作家三毛对枯燥的公式毫无办法，数学考试常常零分，可写出了许多脍炙人口的作品；央视主持人李思思五音不全，我们依然能在每年的春晚中看到她主持的身影。你看，在我们眼里那么优秀的人都有自己的短板，更何况我们普通人呢？

我很认同一句话：“真正厉害的人，都不追求完美，而是追求卓越。”因为人不可能做到完美，但是可以做到在某一方面卓越，从而让人生闪闪发光。

长板思维就是告诉我们应该放弃完美的想法。只要找到自己的长板，在认准方向之后，为之不懈努力，同样可以成为闪闪发光的人。

被誉为中国童话大王的郑渊洁，小时候数学常常不及格。数学学不好，他就在自己感兴趣的、擅长的写作方面发展自己，最后走上了童话创作的道路，深受大家的喜欢。谈起成功秘诀，郑渊洁说：“我找到了自己的最佳才能，自己的特殊能力。”其实，我们每个人都有自己的“超能力”。决定我们能走多远多高的，往往都是看我们如何发挥自己的“超能力”。

古人云：人无完人。如果你是一个全能型的人，自然是一份幸运。但如果你不是那么全能也没关系，你只要尽力地去展现自己的长板，同样也可以成为出色的人。不要盯着自己没有的东西，或者因自己的不完美而暗自神伤。我们要看自己有的东西，能让你闪闪发光的，往往是一个人身上的长板。

坚持自己的优势，即使是一颗芝麻，也会迎来芝麻开花节节高升的一天。

11/20 无论如何，要做无惧前行的女人

上过极致天后班的家人们都知道，我们的课堂常常播放梅艳芳的那首歌《女人花》。这首深情而低沉的歌，让我想起了最近上映的讲述她一生传奇经历的电影《梅艳芳》。

梅艳芳是20世纪80年代的香港巨星，也是一个独特的女性符号。许多人听过她的歌，但未必了解她背后的故事。她从小家境窘迫，四岁就和姐姐登台表演赚钱。一生经历了贫苦、亲人早逝、爱情挫折、罹患重病等多种磨难。尽管如此，她始终都像宣传海报上写的那样，“她无所畏惧”。不管顺流逆流，她从未屈服于命运。在那个以温婉甜美为女性之美的年代，她无畏的自由的穿衣风格打破了世俗的偏见。

生活中她留起如男生般干净利落的短发，穿宽大的外套戴墨镜；舞台上大胆出彩的穿衣风格带给了观众别样的魅力。当时的电影几乎都是以男性为主导，女性是边缘化的存在，如花瓶，如男性的衬托。她用自身角色的塑造展现了女性洒脱、独特、自立的一面，颠覆了人们对女性传统的刻板认知。还有她的歌，也常常传递着女性追求自由与爱、真诚与洒脱的精神。

我们知道，女性变美的过程其实是从内在有了强烈的自我意识开始，这种意识让她们不再被外界的价值观裹挟，然后渗透到实际行动中。梅艳芳一直活在观众的心中从未离开，是因为她一生始终保持着无惧前行的精神，并以自身的力量影响着无数女性。

不仅是梅艳芳，只要我们回顾那些成功女性的历程，你会发现“无惧”一词在她们整个人生中有着很重的分量。徐俐是第一个带耳环烫大波浪的《新闻联播》主持人。在她之前，央视《新闻联播》主持人给人的印象就是朴素、单调、刻板。正

是她的改变与突破，引得其他人纷纷效仿，主持界也迎来了一种潮流。如今，《新闻联播》女主持人在工作中带耳环、做发型成了一件司空见惯的事。

叶叔华是中国第一位女天文台台长。当年求职，天文台不要女性，她就写了一封长长的信给天文台台长，为自己、为女性争取机会。后来，女性在这个领域有了更平等的工作机会。如今 95 岁的她同样鼓励广大女性：“如果你想要什么，就勇敢去争取。”

刘雯是第一个登上“维多利亚的秘密”内衣秀的亚洲模特。在所有人看来都觉得她不可能做到的时候，她默默努力，啃下一个个晦涩的单词，从湖南永州的一个小乡村走向了国际舞台。杨倩成为奥运冠军的背后，是一年近 2000 个小时的训练，打掉约 5 万发子弹，重复一个动作约 8 万次的结果。其间，作为清华学生的她，还需要完成繁重的学习任务。无惧前行，是有打破规则的勇气，有不被世俗定义的自立。把生活和工作的主导权抓在自己手上，做自己想做的事，不被外界的价值观裹挟着往前走。

尽管一路上会经历许多坎坷与荆棘，偶尔也会被一些“怪兽”打趴在地上，但永远都有“跌倒了拍拍身上的灰尘继续微笑前行的勇气与毅力”。

无惧前行，勇往直前。就如梅艳芳说的：“世间的风雨无常，不可以因为一场雨把自己溺毙。”愿每个人都无惧规则，无畏偏见，永远只屈服于梦想与自由。

11/29

你的幸运，藏在勤奋工作里

我们常常说：“越努力越幸运。”这绝对不是一句空话，也不是一句安慰人的话。

如果你总觉得自己不够幸运，那很有可能你的努力还不够。美好的东西，总不会轻易获得。成长靠的从来不是豪言壮语，而是踏踏实实的努力和勤勤恳恳的付出。

彭博创始人博隆伯格说："你无法控制自己的运气，但是勤奋工作的人更幸运。你无法控制自己是最聪明的，因为总有比你聪明的人，但如果你勤奋工作，你就会吸收新事物。如果你没有这些经验，你会以某种方式把它们放在一起。就像滑雪：读一本关于滑雪的书，并不是教会你如何滑雪，你得在滑板上不断勤奋练习，在滑板上滑行无数公里。"当然，滑雪也可能会摔无数个跟头，但摔跤是学会滑雪的必经过程，如果害怕摔跤或摔了一次就再也不学，那么你最终什么都学不到。

我们的事业也是如此。事业会起起落落、坎坎坷坷，但是你会发现，经过长时间的磨练，你会变得比以前更聪明，这就是勤奋带给人的硕果。

勤奋不仅能带来巨大的成长空间，也能带来更多的探索机会。强项是靠勤奋来获取的，而不是天才的产物。

邓亚萍曾因身材矮小、手脚粗短被体校拒之门外。年幼的邓亚萍并没有服输，跟着父亲练起了乒乓球。父亲规定她每天练完体能课后，还必须做 100 个发球接球的动作。为了让自己的球技更熟练，七八岁的她在自己的腿绑上了沙袋，把木拍换成了铁拍，从 10 岁开始一路披荆斩棘，进省队、国家队，直到参加奥运会。

许多运动员并没有像大家说的天赋异禀，是"老天选中的天之骄子"，他们中间也有许多人先天条件没有什么优势，靠着自己的努力和一遍又一遍练习，才有了别人看起来的"幸运"。而这幸运的背后，蕴藏着无数脚踏实地、勤勤恳恳的付出。是他们选择了勤奋，幸运之神又选择了他们，如此而已。

我们常言"双向奔赴"的爱恋才有意义，在我看来勤奋和幸运也是双向奔赴的爱恋。

最近热播的综艺《舞千年》以舞蹈艺术讲述中国故事，除了舞蹈演员们的绝美舞姿之外，他们为了这场最美的呈现而在背后付出的艰辛也被大家知晓。许多舞蹈演员为了纠正一个动作，和导师一起练习到夜深，常常在高温的外景地穿着繁重的舞蹈服跳舞。正是他们无数个日夜的勤奋付出，这场精彩的表演才被大家认可。有人说，他们是赶上了“情怀”的列车，加之我们灿烂的历史文化，这节目才那么出圈。

一个人能走多远、站得多高，不是靠天生的运气，而是靠你的不懈努力与勤奋付出，才会慢慢靠近机遇与幸运。

幸运就是你的努力刚好碰上了机遇。

12/6

最大的风险就是不冒险

曾经有人问我：“创业最大的感受是什么？”创业的感受其实很复杂，但是如果非要选一个词语概括的话，我想最具代表性的应该是：冒险。我相信，冒险是大多数创业的人身上都具备的一种精神。那是一种敢于破坏旧模式，勇于创造新思想、新模式、新生活的精神。

恰恰是这种冒险精神，能让一个人的成长仿佛开了倍速一般飞快。

著名企业家马斯克曾在某次演讲中说过“冒险精神”对他的帮助很大。他是一个有很强的内驱动力的人，从小就喜欢去做各种各样冒险的事和一些外人看起来很疯狂的事。正是因为这种就生长在骨子里的冒险精神，让他像《钢铁侠》中的主人公托尼·史塔克那样疯狂：一旦抓住一闪而过的创意，就为自己的想法倾其所有，一秒都不会浪费。

做疯狂的事，做冒险的事，让马斯克成了一个无比强大的人。我们每个人的一生，都有着无数关卡，大部分人都害怕冒险，选择了在大家认知里没有什么风险的道路，重复着别人走过的没有太大风险的道路。

在我看来，不冒风险不会失败，但不冒风险也不会有成功。

扎克伯格说："不管你把自己放在什么位置上，你都必须做出一些重要的改变和调整，或者去做一些事。总会有一些人指出你所做的决定，有可能带来潜在的风险，从局部来讲，他们也许是对的，但是对于你将要做出的任何决定来说，都会有利有弊。如果你遇事犹豫不决，不敢做出任何改变，那么我认为你注定会失败，而且无法跟上时代的潮流。因此，在某种意义上说，不冒险是对的，但是从长远来看，不冒任何风险就是你最大的风险。"冒险就像穿越丛林。穿越的过程总是会伴随各种未知的风险，但是如果你选择规避风险而害怕走进丛林，那么你永远不会真切地看到、感受到丛林世界的奥妙与精彩。冒险看似随时都面临着"生命危险"，一路上总是有许多风风雨雨，但是，冒险具有强大的吸引力，你会遇到很多同频的人，陪你一起"淋雨"、一起冒险。

就像维珍银河的创始人说的那样："当你开始具有挑战性但重要的冒险时，优秀的人会主动加入这个旅程。这些人会始终与你并肩作战，分享你的梦想，实现你的梦想。"刚刚创立臻尚美的时候，连我自己都不知道是否能成功，雷院长毅然决然放下之前的工作加入我的团队，成为我最坚实的合作伙伴。在所有人都不知道臻尚美未来会发展成什么样子的时候，三水分院的叶院长成为第一个加盟的人。

如今的臻尚美，正如大家所期待的那样茁壮成长。臻尚美的今天，其实是一群冒险的人在坚持做一件冒险的事，在冒险中享受到了快乐与成就。勃兰兑斯说："发现新大陆的人民能在发现过程中遇上暗礁而搁浅。避免暗礁是容易的，但却发现不了新大陆。"

所以，如果你认定了一件事，不妨大胆一些，冒险一次，或许你就会发现"新大陆"。

12/7

学习的力量

培根说："知识就是力量。"这份力量，可以改变自己，也可以是影响孩子、家庭、家族、城市甚至是一个国家未来的力量。学习，能带给人力量，也可以创造美好。

一、让我们的形象因为我们的学习变得更加美丽

在这个世界上，没有与生俱来的气质。所有的气质，都是经过精心雕琢，来自一个人日复一日的学习与成长的。

终身学习，终身美丽。我们的形象，会因我们的学习而更加美丽。在臻尚美，我见证了无数人因走进优雅仪态课堂学习而变得闪闪发光的模样，成为内外兼修的女子。学习就像一根魔法棒，拥有神奇的魔力，能激发人的潜能，让我们不断靠近自己生命中最美的样子。

越学习，越美丽。

二、让我们的事业因为我们的学习变得更加卓越

有人说，这是一个"脑袋决定口袋，思路决定出路，行动决定结果，学习成就未来"的时代。我很认同这个观点。这是一个变幻莫测的时代。在职场，不学习是一个极其危险的信号，等同于退步。

只有重视学习，不断汲取新的知识，突破自己的极限，才是事业向前发展的保障，才能让事业在不断丰富自己、提高自己的过程中走向卓越。学习能为我们的事业添砖加瓦，帮助建造起更牢固、坚实、辉煌的事业大厦。

三、让孩子的前途因为我们的学习变得更加美好

董卿说："你希望孩子成为什么样的人，很简单，你去做什么样的人。"父母是孩子的第一任教师。作为父母的我们，只有不断学习，成为优秀的父母，才能教出优秀的孩子。

父母存在的意义，并不是只要给孩子舒适和富裕的生活就够了。还有给予孩子爱与温暖，在他需要的时候，成为他的指南针，让他的成长不迷路、不迷茫、不害怕。

而这一切，都需要不断学习，不断成长。

四、让家庭的未来因为我们的学习变得更加幸福

人们常说，知识就是力量。我们说，智慧是幸福的力量。在一个家庭中，每一个人都是家庭的建设者。不仅需要共同的情感，更需要充分调动所有人的智慧去参与，去共同创造未来的生活。

学习能让我们成为更有智慧的人，可以更自如地处理横亘在我们家庭中的亲密关系（如亲子关系、婆媳关系等），处理好了这些关系，我们的家庭氛围会更温暖融洽。学习，是对家庭最美好的熏陶。

五、让家族的未来因为我们的学习变得更加荣耀

一片森林里，只有每棵树、每株草都努力向阳生长，森林才会欣欣向荣生生不息。同理，一个家族里，只有每个人都不断学习、不断成长，才能让家族繁荣不衰，焕发蓬勃的生命力。怀着对家族未来的使命感，你的每一次学习、每一次走向更高的平台，都可能成为下一代走向更高一层楼的阶梯。

我们的家族，也会因为我们的学习而变得更加荣耀。

六、让城市的建设因为我们的学习变得更加美丽

我常常问自己：你热爱自己的家乡吗？你喜欢自己居住的城市吗？

答案是肯定的。随后我又会问自己：既然这样，那你可以为自己热爱的家乡以及居住的城市做点力所能及哪怕微不足道的事吗?

答案依然是肯定的。人，是一座城市中最核心的土壤。只有土壤被激活，抱着向上的能量，充分参与建设，这个城市才能真正焕发出生生不息的长久活力与美丽。

譬如，我们的院长学习了优雅仪态之后，回到当地建立分院传播优雅仪态，弘扬中华民族传统美德，引领更多女性走上优雅的道路，再回馈自己的家庭、家族、城市乃至整个社会。当优雅仪态植入到每一个人的心中并渗透到行动中，城市的建设就会因为你而增添了一道靓丽的风景线。

七、让国家的发展因为我们的学习变得更加强大

也许有人会说，一个人的力量太小。但如果我们每个人都不断学习、不断进步，我们的社会、我们的民族，会因无数人的学习与进步，变得越来越强大。一滴水的力量太渺小，但是无数水滴汇聚在一起，就会成为滔滔大江。一颗星星也许很暗淡，但是无数星星都亮起来，一定会照亮整个夜空。

人人都在学习、都在进步的民族，一定会强大。李大钊先生说："知识是引导人生到光明与真实境界的灯烛，愚暗是达到光明与真实境界的障碍，也就是人生发展的障碍。"源源不断的学习能为自己、为孩子、为家庭、为家族、为民族创造美好。愿我们每个人都有强盛的求知欲，时刻保持学习的状态，不虚度年华，对得起每一寸光阴。

让世界因学习而更美好!

12/13 与其问别人"该不该"，不如问自己"能不能"

曾经看到有人在网上问：该不该为了自己喜欢但不一定有用的事，而放弃一些也许有用但不想去做的事？现实中，很多人也会遇到类似的烦恼。对待某一件自己拿不定主意的事，就会询问身边的人自己"该不该"，想从别人的答案中做出选择。由于知识、见识、阅历的限制，每个人都有自己的看法，有不同的看待问题的角度，并且给出的建议和结论也不相同。

所以，与其寄希望于别人给你答案，问别人"该不该"，不如在每一个选项后面，多问自己"能不能"，再做出自己的决定。

毕竟饭要自己吃，路要自己走。别人看你就像隔着一块玻璃，也许会看见你，但不一定能真正看清你。只有你自己才是没有隔着玻璃看自己的人。最了解你的人一定是你自己。你比别人更知道自己的欲望，更清楚自己的极限。遵循自己的内心，多问自己能不能为自己的选择全力以赴，能不能承担其带来的一切结果。

永远不要寄希望于别人为你做出选择，要掌握自己人生的主动权，做自己人生的掌舵者。不管最终会流进哪一片海域，到达什么样的彼岸，你都会收获无憾的鲜花与奋斗的掌声。

我想起了当初很多人都说我不该花那么多钱去学习优雅仪态，也有人说作为女性应该找一份安稳的工作，做好一个妻子、母亲的本分。别人口中的"该与不该"，都是别人的认知定义的你。我问自己：创业很苦，能不能坚持？不一定会成功，能不能接受最坏的结果？需要抗住巨大的压力和责任，能不能扛住？在我这里，答案都是肯定的。

但是如果我问别人"该不该"，得到的答案可能会是：不该放弃原有的稳定工作；

你没有经验，不该冒这么大风险；你没有资金，很难承担后果，等等。如果总是寄希望于别人给你答案，那么可能会得到一千个答案，继而迷失在其中，陷入无限的纠结。别人口中的“该不该”有时候看似是在为你规避风险，但其实会左右你的选择。人生没有那么多“该不该”，每一种选择都有它存在的意义，很多时候只是看你自己能不能全力以赴，能不能接受其带来的一切结果。

当然，我们也不是要全盘否定别人的声音，而是不管做什么都不要让别人去定义你。你想要的就去努力争取，即使最后自己真的不能做到，但这过程一定是有收获的，你积攒的经验一定会为下一次出发做好铺垫。多问自己能不能，并且相信自己能做到。

当你足够相信自己并且足够努力，你会越来越幸运。世界不会辜负每一份努力和坚持，时光不会怠慢勇敢和执着。多问自己能不能，并且相信自己能做到。

12/15 真正的高手，必定专注到极致

最近看到一个视频，巴菲特说：“如果我对什么感兴趣，我就会真正投入其中，如果我对一个新主题感兴趣，我就会进行相关的阅读并去讨论它，或去见参与其中的人。”专注，是巴菲特人格中最为强大的一部分，也是他成功的原因之一。

成功的人往往具备许多能力，专注就是不可或缺的能力。

路遥在《早晨从中午开始》一书中回忆了他创作《平凡的世界》这部百万字巨作的过程。从他的自述中，我感受到了极致的专注。就如他说的：“只有初恋般的热情和宗教般的意志，人才有可能成就某种事业。”

三年准备三年写作，从大量的阅读，包括近百部长篇小说、前后近十年的报纸以及其他相关书籍，到真正去体验生活，下煤矿、走乡村，再到写作时的全身心沉浸，每天定时定量完成任务，路遥废寝忘食，几乎达到了忘我的境界。

为了更专注于写作，他的写作环境从繁华嘈杂的都市切换到偏僻的煤矿医院、黄土高原腹地一个偏僻的小县城、榆林宾馆，忍受着一个人的孤独。

最终，完成了《平凡的世界》的全部创作。

马克·吐温说："人的思想是了不起的，只要专注于某一项事业，就一定会做出使自己感到吃惊的成绩。"

那么如何让自己更专注，做事更高效呢？

1. 减少外界的干扰。做一件事之前，为自己清理外界的干扰。如关掉手机等电子设备，远离卧室等容易让人犯困的地方，远离嘈杂容易让自己分心的地方。尽量寻找安静的环境，让自己全身心沉浸其中，做到极致的专注。

2. 控制内心的欲望。清理内心的杂念。如果内心很杂乱，思绪也会跟着杂乱，思考或做事的时候就容易出乱子。只有内心安静下来，才有利于思考。

3. 有意训练专注力。人的很多能力并不是天生具备，而是通过后天训练的。学会反思，若是不利于专注力的行为，需要有意减少为之，比如看八卦新闻、刷视频等。坚持对自己有利的行为，如看书、运动等。做完一件事，再做另一件事。

4. 专注力是一个循序渐进的过程。从五分钟到十分钟，从一个小时到两个小时，需要反复、持续地坚持，才能成就你的专注。

我们的优雅仪态课堂有一个眼神训练，就是专注力训练。当你对着镜子练习眼神，一开始你可能只能坚持两分钟眼泪就不住地往下流，但如果你反复训练，你会发现眼神会随着训练次数的增多而变得更专注。

专注是一种态度，是成功做一件事的基础。

你的每一次专注付出，就会有专注的收获。

12/22

选择做正确的事，运气就在你这边

小时候看动画片《樱桃小丸子》，里面有一句台词至今记忆尤深：“运气这种东西不是求来的，而是自己创造的。”我们常常把运气挂在嘴边，以为那是命运的安排，由不得个人掌控。殊不知，运气并非命中注定的事，而是选择与行动的结果。

选择做正确的事，运气就站在你这边。做了正确的选择后，你的努力值越大，幸运值就越大。反之，如果你的选择发生了偏航，那么运气这辆列车只会带你去到错误的地方，最终得到的很有可能就是厄运，而不是好运。

好运偏爱那些做正确的事并为之不懈努力奋斗的人。我从一个懵懂天真的小城姑娘走到如今成为全国几百家分院的创始人，并不是我天生就是好运体质，而是我选择了做一件“利己又利他”的事，十年耕耘，十年付出，无数的人看在眼里并认可我所做的事，也纷纷加入其中，才有了星星之火燎原之势。

在这个行业里，我的能力不是最顶尖的，颜值也不是最高的，但是能得到大家的喜欢与认可，是因为我选择了一件能造福女性、造福社会的事业。经济学家任泽平说：“每家企业、每个人都是时代的产物，如果你选择做正确的事，运气就站在你这边。”

我一直坚信优雅仪态带给女性的力量。这份“力量”是我们每一位女性需要的，也是每一个家庭需要的。这些力量汇聚成满天星，让浩瀚的夜空有了不一样的光彩，也为臻尚美带来了好运。

有人抱怨自己运气不好，但如果换个角度思考一下，你会发现所谓的运气不好，一定在过去就埋下了伏笔，才导致与好运气背道而驰。譬如，放弃工作、放弃成长的女性，全身心为家庭、为孩子付出，最后却失去了自我，没有独立的经济能力，无法掌控自己的人生，长时间处在被动的局面。对于很多女性来说，放弃成长放弃工作，本身就是一件不那么正确的事。也许在当时看来是为了家庭和孩子好，可从长远来看，一个不成长、不独立的人，如何让自己更好？如何有能力去影响孩子？如何让家庭更幸福呢？

一个人只有始终坚定地走在正确的路上做正确的事，才会得到大家的支持。如果做的是违反了法律或违背道德的事，就是玩火自焚、自取灭亡。

无论是企业或个人，如果没有走在正确的道路上做正确的事，就犹如选择了行走在一条迷雾笼罩的道路上，不仅好运消散，而且危险会常伴左右，一不小心就击中你。

只有自由、坦荡努力地活在阳光下，做利他、利社会的事，才能得到大家的认可，得到社会的认可，也才能迎来好运气，成就一番事业。

二、幸福修炼

1/10 人，赢在和气，败在脾气，成在大气

人生于世，每个人都有自己的个性。

有人温和，有人张扬，有人冷酷……但是在遇事的时候，我们并不能随心所欲，而是要学会收敛自己的个性，才能让事情朝着我们期待的方向发展。因为，一个人越往前走越会发现，人生往往大多数时候都赢在和气，败在脾气，成在大气。

一、赢在和气

我们常说："礼之用，和为贵。"

所谓和气，不是一味无原则地忍让，也不是软弱无能，而是像有一位作家说过的那样："一个懂得'和气'二字用处的人，和气会成为他的无形武器既可以避免卷入无益争论的漩涡，又可以扭转对他有所不利的困境，甚至还可以进一步化敌为

友。”

黄渤曾在一次颁奖典礼上被主持人调侃身高和长相，但他并没有发怒，而是用高情商的回答，逗得现场观众和嘉宾呵呵大笑，既没有让主持人难堪，也没有让现场气氛降到冰点。事后，主持人也意识到自己的错误，并向黄渤道了歉。其实，面对别人对自己的诋毁，我们都有生气或反击的权利，但是有时候生气或反击并不能让事情有一个完美的结果，反而会适得其反。反倒是以和气的态度去宽容、包容一些人和事，可能会得到意想不到的效果。

二、败在脾气

我们常常会看到这样的新闻：某某明星因为在剧组要大牌、发脾气，而被剧组换掉，或被封杀。好脾气可以帮助一个人积攒运气和好人缘，让他越走路越宽。坏脾气则可以毁掉一个人的形象，让人远而望之。如果仔细观察，你会发现在臻尚美那些受欢迎的人，往往都是拥有好脾气的人，他们懂得控制情绪，会顾及别人的感受，而不是放任自己的脾气。

张小娴说：“诸事不顺，是因为还有脾气。发脾气，苦了别人，也苦了自己。”如果你发脾气，倾倒出去的是坏东西，承受你坏脾气的人，就像垃圾桶一样承受了许多烂掉的东西，损人不利己。

所以，不管是在家里还是在工作上，一定要控制好自己的脾气。不要在伤害自己的同时，也伤害别人。拥有好脾气，才会有好生活。

三、成在大气

我们都听过六尺巷的故事。

康熙年间，礼部尚书张英的家人与邻居吴姓人家在宅基地问题上发生了争执，家人飞书传到京城，让张英帮忙摆平此事。张英看了家人的来信后立马执笔回信，写下：“一纸书来只为墙，让他三尺又何妨。万里长城今犹在，不见当年秦始皇。”

收到回信，张英的家人主动在争执线上退让了三尺地。邻居见状后深受感动，也效仿张英家主动让出三尺地，这才有了后来的六尺巷。这个故事也被后人流传，成为后人学习的榜样。

张英在面对家人与邻居的争执上，是大气的。他没有因为自己在外面为官而滥用权力去抢夺宅基地，而是大气地劝说家人主动让出三尺地，表现出他为人处世的涵养。与其斤斤计较，不如活得大气点，省去不必要的争执、麻烦，让自己更加舒心自在。

做人做事，赢在和气，败在脾气，成在大气。往后余生，愿我们每个人都能在岁月中修炼自己，提升自己，成为和气、大气之人。

1/13 人生最高级的修炼，是修心

有人说："修道路漫漫，修心自当先。"人生是一场修行。当我们踏足修行这条路的时候，既要修身，更要修心。因为，在我看来，人生最高级的修行是修心。为什么呢？人生最大的富足不是拥有无穷无尽的财富和至高无上的权力，也不是拥有倾国倾城的容貌，而是拥有一颗富足强大且豁达的内心。

心的力量是强大的，强大到可以影响我们的容貌、情绪，甚至改变我们的人生轨迹。在刚结束不久的储备导师考核中，有一个姐妹没有通过考核，但她没有丝毫失落，还拿了一束花来到我的办公室送给我。

她说："兰子老师，非常感谢你。在臻尚美学习和成长的日子，我身边的朋友都说我越来越漂亮了。"其实，让她感觉自己"变得比以前更好看了"的原因，除了形体与妆容的加持，我想更多的是内心的改变。这就是所谓的"相由心生"。我

常常说优雅仪态的力量绝对不是只修炼外形，让人变得更苗条更挺拔这么简单，更多的是通过修炼外形去打开并善待自己的身体，唤醒内心沉睡的力量，向善、向真、向美，从而获得自信、丰盈的能量。

心满了，自然也会反馈到外在形象，让我们看到她散发的气质。我们人类和植物有许多共性，植物如果不往下扎根汲取养分，那么枝干就会瘦弱无力，叶子就会枯黄，盛开的花也不会鲜艳，整个生命就是一副了无生气的模样。

只有不断深深向下扎根，才能源源不断地给予坦露在土壤外面的枝干、叶子和花蕾养分，让它们焕发欣欣向荣的蓬勃生命力。我们人也是如此。修行一定是内外结合的修行，缺少任何一部分，都会让整个生命体显得逊色。

如果只修炼外在，效果就会像飘浮在半空的羽毛，也许是美的，但也是摇摇晃晃的。只有真正修心，才可获得坚如磐石般不可动摇的力量，为我们的人生立起一根“定海神针”。修心是一个漫长的过程，可以贯穿我们整个生命。如果一个人从不修身也不修心，那么他就会像一根被挤压着的紧绷的弹簧，在岁月中变得锈迹斑斑，即使没彻底坏透却也没了张力。

既修身也修心，让整个生命体日益完整、丰满。愿每个人在漫漫的人生修行之路上都能得到历练，得到成长，得到完善。

7/14 一旦开始就不能半途而废

美国诗人斯托达德说：“做一切事情都应尽力而为，半途而废永远不行。”对此我深以为然，这也让我想起了最近重温的电影《肖申克的救赎》。安迪因为杀人嫌疑而被终身囚禁肖申克监狱，在这样一个封闭的没有自由的地方，安迪却完成了自我救赎，也给别人带去了希望。

其中有一个片段令我感触很深。新来的汤米想考取高校文凭，但由于识字不多，于是找到安迪帮忙。安迪跟他说：“一旦开始就得有始有终，百分之百地努力，绝不能半途而废。”安迪不仅教别人做事不能半途而废，他自己做每一件事亦是如此，沉稳、坚韧，言出必行，投入最大的努力与最长久的坚持。

为了建造图书馆，争取学习的机会，他决定每周写一封信给州参议院申请资金，结果都石沉大海。在其他人看来这也是不可能做到的事，然而他一写就是六年。六年之后他收到一封回信，虽然只获得了两百美金和一些旧杂志、杂物，也远远达不到他的要求，却让他看到了希望的火花。于是，他又继续开始每周写两封信。四年后，参议院拨款委员会决定每年支付五百美金给安迪用于图书馆建造。

在这件事上，我们可以看到安迪认定了一件事就会持之以恒，从一而终，直到把事情做好、做成。就这样，在不自由的监狱里，安迪逐渐为自己也为其他人构建起一方小小的自由的天地。除此之外，安迪没有半途而废的一件事，就是在监狱度过的二十七年中，他花了将近二十年的时间去挖隧道，逃离监狱。

坚持的力量是不可思议的。很多事看起来遥遥无期，但是只要长期持续地坚持下去，希望尽管渺小如尘土，最终也能汇成一方坚实的土垒。

每次的储备导师考核，我们都会有一个“守护初心”的环节，即每个人都写下自己的目标和使命，再将它放进玻璃瓶里。这么做的目的是为了让每一位导师未来不管走多久多远多长的路，遇到多少风雨和挫折，都不要忘记了自己的初心和使命。

因为人一旦忘记了初心，就容易发生偏航或半途而废。我们都知道，不管是奔跑在优雅仪态还是其他的赛道上，不可能事事如我们所愿，可能会经历种种不如意。比如走进市场的时候，发现业绩不如人意；当我们切换身份成为导师站在舞台授课的时候，教学需要不断磨合等问题。

但是无论如何，一旦开始了就不能半途而废。我们要一步一步为此付出努力，长期地持续性地付出汗水，才能越干越好。半途而废或许会让人感到像丢下包袱一样瞬间轻松，但是也会让你带着遗憾与不甘前行，而这何尝不是另一种包袱？而且还将导致你一事无成。

所以如果你认定了一件事，就驾车一路前行，去欣赏沿途的风景，去成长，去收获，去看见未知的世界。

1/20 努力不苦，假装努力才苦

新历年刚过不久，农历年也紧跟其后。在这新旧交替的季节里，每个人都在总结过去一年的得与失、付出与收获，以此更好地展望新的一年。站在这年末回望过去的时候，有人会说，过去的一年自己明明那么努力那么辛苦，可为什么还没有达到预期的效果？

我想这其中有两种情况，一种是你付出了真正的努力，美好正在奔向你的路上，会迟到但不会缺席；另一种是也许你在假装努力，没有得到任何回应。假装努力是什么？是为了减肥兴致勃勃去健身房，但是全程都没把心思放在运动上，而是对着健身房的镜子各种凹造型，拍照一小时，健身五分钟。最终看似花了很多时间在健身房里，实际上像一辆故意偏航的列车，既没有如愿看到沿途的风景，也没有抵达目的地，一路还要忍受开车的疲惫。

假装努力是什么？是明明可以白天完成的事，却要在白天做与工作无关的事，等到时间消耗完了才不得不在夜里挑灯夜战，假装忙碌，实际上在应付工作。假装努力的人就像吃饭的时候，没有把食物嚼碎就匆忙咽下去，既没有享受到食物的美味，也很难消化。

假装努力的后果是既浪费了自己的时间，又没有保证高质高效地完成工作。这时候，就会进入身心疲惫的状态，因为应付一件事比全力以赴完成一件事更累。

努力不苦，假装努力才苦。

假装努力更多时候是营造一种假象给别人看，有时候也是为了满足自己短暂的虚荣，这些都没有多大的实际意义，是对自己人生的不负责，是在虚度光阴。

真正的努力是自己一场沉默的喧嚣，是为了得到内心的满足，是为了升华自己的生命。在外人看来也许这个过程是漫长的、孤独的，但我们的内心就像在上演着一场盛会，热闹且繁华。

当你真正全身心投入到一件事，身体也许在一定程度上是疲惫的，但是心情一定是愉悦的，一定是成长与收获的过程。时间是公平的，你若种下一颗空心的或干瘪的草种，就无法长出新芽和开花结果。你只有种下一颗实心的丰满的草种，浇灌施肥，用心呵护，用心等待，才能看到破土而出伸向天空的姿态。

因为，结果不会陪你演戏。愿我们每个人都能摆脱假装努力，不要从表面的努力欺骗自己。要为自己的目标和梦想付出真真切切的努力，对自己的人生负责。

3/25 用这四种情感关系开启你的幸福人生

我们知道，没有人可以活成一座孤岛，只要活在这个世界上都要与他人产生各种链接，有泛泛而交、生死之交、利益之交等等。如果你拥有以下四种关系，幸福指数就会像芝麻开花节节高。

一、社交关系

志同道合、情意相投的人。你们也许有着相似的爱好、相似的厌恶，可以带给彼此快乐，倾听彼此的烦恼，驱散彼此的寂寞，能增强人生的幸福感。朋友可以让你更真实自在地做自己。面对陌生人，很多人都会戴上一副无形的面具去伪装自己，但是在朋友面前，可以卸下伪装，轻松做自己。

好的社交关系是人生中的美丽风景线，但是并不是所有的友谊都会永久存在，有些朋友只能陪你走一段路。所以，好好珍惜每一段友谊，因为你不知道什么时候走着走着就散了。同样，如果友谊散场了，也不要难过，祝福就是最好的告别。

二、支持关系

事业上的合伙人或重要客户。商场如战场，充满了明争暗斗。如果遇到懂你的情怀、懂你的理想的人，并愿意加入你的站队与你并肩作战，一起克服很多困难，真的是一件很幸运的事。在事业的奋斗道路上，每一个相信你的客户，也值得好好被对待。茫茫市场如海，船只来来往往，充满了利益的浓郁味道。一个人能成为你的重要客户，是一种缘分，也是一份信任和肯定。因此，为对方提供最大值的服务，设身处地为他着想，才是对他的信任的最佳办法。

三、亲密关系

你的伴侣。伴侣不同于亲人和朋友，伴侣之间以爱和责任为基础的相互扶持、相互陪伴、相互信任、相互滋养的关系。你们相互欣赏、相互吸引，走进了彼此的生活，感受对方的喜怒哀乐，一起去探寻生命的意义。

你们是彼此最亲密的人，人生起伏、生老病死都可以与之携手，一起支撑起一个家，一起承担责任，一起畅享美好的未来，像齿轮一样相互交叉又相互支撑，给彼此爱与力量。

四、托底关系

这是就算你失去了全世界，也不会放弃你，始终陪伴、支持你的人—— 父母和孩子，也可能是你的伴侣和朋友。他们懂你的坚强，也懂你的脆弱。当别人都关心你飞得高不高的时候，他们会关心你飞得累不累；他们会在你需要的时候，轻轻地把肩膀给你依靠，任你哭泣；他们也会为你轻轻抹去眼泪，告诉你："别怕，还有我在。"

他们的存在，就是让你不管在什么时候，都有勇气面对这个世界；不管遇到什么困难，只要你转身回头看，他们始终都在你身后，你看到他们便有了更大的力量往前走。

以上的关系并不是天然存在的，都需要我们每个人用心发展和培养。

如果你遇到了，一定要好好珍惜。因为人是相互的，关系是双向的，只有用心经营、真心对待，这些关系才能永恒持久。否则就会像断了线的风筝，再也找寻不到彼此的踪影。

3/29

不要浪费一场危机

分享一个故事：南宋年间，杭州城发生了一场火灾，火势非常凶猛，数以万计的房屋店铺都在汪洋大火中变成废墟。有一位珠宝商，他那经营了大半辈子的店铺，连同珠宝财物也在那场大火中毁于一旦。在所有人都眼睁睁地看着自己的房屋和家产被大火摧毁并为此痛哭流涕的时候，那位珠宝商却淡定从容。他不动声色地派人从长江沿岸平价购回木材、毛竹、砖瓦、石灰等材料。在其他人面对废墟叹息、感慨火灾无情的时候，他逍遥地到处喝茶、逛街，并从中打探消息。

果然，数十日之后，朝廷颁布旨意：重建杭州城，凡经营销售建筑用材者一律免税。于是杭州城内一时大兴土木，建筑用材供不应求，价格陡涨。那位珠宝商趁机抛售建材，获利巨大，其数额远远大于被火灾焚毁的财产。

这个年代久远的故事告诉我们，每一次危机都蕴藏着机会，危机也许是拉开人生差距的分水岭。

疫情之下，行业兴起又凋敝。网络上每天都充斥着“裁员”“降薪”“倒闭”等让人惶恐的字眼。时代的一粒灰，落在个人头上就是一座山。于我们每个人而言，疫情就是危机。我们每个人都背负着这座大山努力且小心翼翼地活着。在这场危机中，有人在沉淀，准备迎接下一波红利；有人修炼内功，让自己拥有抵御外在风险的能力；有人自暴自弃，破罐子破摔……

危机不可阻挡，却是最能考验一个人各种心态和能力的时候。在我看来，越是危机四伏的时候，越需要一个健全的心态，如乐观、主动、积极、淡定等等，这些比一百种智慧更有力量。

丘吉尔说：“不要浪费一场危机。”因为一场危机是一个时代的结束，也是另一个时代的开启。只要这场危机没有让这个行业消失，那就一定要等到风浪过后的阳光。作为企业的负责人或团队的领导者，坚定自己很重要。坚定自己就是给员工、客户最坚强的力量，满怀信心地迎接下一个美好时代的来临。

危机之下就是最好的储蓄时机。春夏秋冬四季轮回，当下的疫情就是四季中的冬天，冬季是积蓄能量、积蓄资源、积蓄信任的时候，只有积蓄得越多，这个冬季才会越有安全感。

千万不要去消耗能量、消耗信任、消耗资源……不要只是为了满足自己的欲望而去消耗任何一个曾经相信你的人。我相信，我们可以跨越寒冬，迎来春天。待到穿暖花开时，就是播种的最好时节。当我们积蓄得足够丰富，这个时候是带着每一个相信你的人去开拓创新的时候，也是给予她们方向和力量的最好时节！

4/7

做对了这四件事，你将越过越好

一个人的快乐和幸福往往不是源于金钱财富，而是心态。有的人腰缠万贯依然感受不到快乐，有的人一贫如洗却能笑口常开。如果你拥有以下四种心态，日子将越过越好。

一、不混日子

生活是一场等价交换，你敷衍生活，生活也敷衍你，每天都在混日子的人，大概也不会有什么成就。尊重生活并对自己负责的最好方法就是不要混日子，用心努力地过好每一天。哪怕只有一个观众，也要竭尽全力演出。就像北方的澡堂子，哪怕只有一个客人，也要把池子里的水放满。因为，浪费一天的时间，也许你就比别人慢了一步；常常混日子，那么你与别人的距离就会越来越远。

充实地过好每一天的人，才能收获充盈的人生。

二、不多心

多心就会多虑，多虑实际上就是一种精神内耗。不多心就是停止内耗，让自己的心思简单明了一些。因为，心简单世界就简单，幸福才会生长。这种简单不是天真无知，而是不多心，不多想，不多疑，不多虑。不会为了别人一个无关紧要的眼神而思来想去，也不会因为别人一个无意的动作而揣测万千。

生活的烦恼不会自动减少，别人的一举一动我们也无法改变，但是你的心态可以决定烦恼的多少。不多心，心里的事就少了，烦恼自然也就少了。

三、不空想

空想的人种不出结满果实的树。付出实实在在的行动，才能让理想的春天生长万物，鲜花拥簇。空想是一场不切实际的幻想，没有任何意义。任何伟大的目标和计划，若是没有付诸行动，它只能在你的脑海里碰撞出虚无的花火，而不能在你的现实生活中绽放成绚烂的烟火。

放弃空想,去执行,去播种,让理想的种子真实地落在泥土里。去接受风雨的洗礼，去感受生命的喷薄，才能真实地领略四季的变化，活出一株植物原本的蓬勃与骄傲。

四、不矫情

生活本身就是一个缓慢受锤的过程，不管是贫穷还是富贵，我们每个人都会像一根钉子一锤一锤地被捶进某根木桩里面。

所以，该吃的苦还是要吃，该咽下的委屈还是要咽，只有不断经历，不断摔跤，才能成长。如果过于矫情，吃不了一点儿苦，受不了一点儿累，生活大概也不会馈赠你糖果和蜜饯。

所以,我们要拒绝矫情。不要做一个悬在半空中的人,而要做一个脚踏实地的人，去吃实实在在的苦，受实实在在的累，有实实在在的感受。

4/20 什么能力很重要，但很多人没有？

“知乎”上有个问题：什么能力很重要，但是很多人却没有？有个高赞回答是：保值的能力。

保值对于货币或财产来说，是不受物价变动影响而保持原有价值。对于一个人来说，保值就是不管时间怎么流逝，时代如何变化，自身的价值都不会被损耗。

我们知道，在二手奢侈品市场，有些奢侈品能保值增值，有的却贬值得很厉害。保值增值的除了物以稀为贵和自身品牌的价值，还要取决于它的磨损程度。其实，人的保值和奢侈品保值的道理类似，你的能力是否像奢侈品一样在其所在的领域达到了极致，做到了物以稀为贵？你是否形成了自己的个人品牌？你的能力有没有被“磨损”？

你的能力有没有达到极致？每个行业都是一座金字塔，最好的保值方式就是不断往上走，让自己位于金字塔的上端而非底端。因为人们记住的，往往是那些在某个领域做到了极致的人。时间会走，人会变老，但是那些极致的能力，岁月和别人都偷不走，会一直成为你的价值所在。

你是否形成了自己的个人品牌？

我相信大家肯定见过这样的例子：有的人脱离了平台，一无是处，有的人却能做到不依附平台也有属于自己的一片天空。好的个人品牌不仅能让别人记住你，也能给自己的人生带来更多可能。如今只要一说到“乡村超模”，大多数人首先想到的就是那个在田野、在山间、在自家小院走秀的乡村小伙陆仙人。他的“乡村超模”标签的背后，是个性，是努力与创新，也是对梦想的坚持。正是靠着这个标签，他从一个农村小伙走上了巴黎时装周的秀场。

好的个人品牌，可以为你的人生加持。你的能力有没有被“磨损”？如果你的能力被磨损，也会贬值。这是一个更新迭代飞快的社会，随时都会有新的技术和更厉害的人出现。如果别人都在不断往前走，而你却停止成长或是不懂变通，那么你的能力就会像被磨损的奢侈品，严重贬值甚至被取代。

电影《肖申克的救赎》的主人公安迪因证据不足被判杀妻入狱 20 年，这在别人看来是多么绝望的一件事。可是，安迪并没有因此失去自我，失去希望。帮狱警理财，创办图书馆，帮助狱友考上高中……他没有因身在监狱而让自己的能力“磨损”，而是在不自由的监狱里给自己创造了最大的自由，也有能力让越狱成功的自己活下去。

保值的能力对于每个人来说都很重要。让自己保值，时间会给你让路，即使身处困境，也不会让你失去光芒。

5/10 真正的柔软

柔软是女人的天性。但是，真正的柔软是什么？柔软不是身体的柔弱，也不是性格上的软弱，真正的柔软是：好好说话；收敛锋芒；心存慈悲；时时变通。

一、好好说话

如果一个人对他人总是大呼小叫，不能心平气和地与人交流，即使她颜值再高，身姿再柔软，给人的印象也不可能是一个柔软的人。真正柔软的人，在于他的言行一致并大方得体，好好说话就是表现之一。好好说话的背后隐藏的是你看人的眼光、待人的态度，以及你的肢体动作和表情神态等等。

因此，成为一个柔软的人，就要改变我们看人的眼光，不以自己的价值标准去衡量别人；改变我们说话的方式，以舒缓、轻松的说话方式代替急躁或置人于尴尬之地的说话方式；改变我们的待人态度，以诚、以礼、以真待人；改变我们的肢体动作，优雅得体，不媚不妖；改变我们的表情神态，不把坏情绪挂在脸上，始终以微笑示人。

二、收敛锋芒

柔软之人不是没有锋芒，而是懂得收敛锋芒。有锋芒是为了保护自己，收敛锋芒是为了不伤害他人。

柔软之人不是针锋相对，而是以柔化刚。鸡蛋以石头对碰，总是会伴随着伤害，如果鸡蛋与棉花对碰，彼此都会相安无事。柔软的人待人接物总会采取彼此都舒服的方式，而不是以强势的姿态去要求或命令别人。因为，没有人喜欢被命令、被刺伤。人们喜欢的是平等与尊重，是如沐春风般的温暖。

所以，柔软的人才能成为一个带有光芒的人，而不是带有锋芒的人。

三、心存慈悲

真正柔软的人心中一定充满了爱与善。以慈悲的目光看待身边的事物，以慈悲之心对待整个社会和身边的人，而非以强硬和冰冷的手段做事，或为了达到目的心狠手辣和不择手段。慈悲的能量是巨大的，像雨能滋润万物，像阳光能温暖众生。只有心存慈悲，做事有温度，才能达到真正的柔软与美丽。因为，美没有绝对的标准，但是慈悲的心、优雅的面相却是经久不衰的美。

这种美是柔和的、舒服的，能让人不自觉地想靠近，也能在时光的洪流里熠熠生辉。

四、时时变通

有一个实验：将蜜蜂和苍蝇同时放进一个平放的玻璃瓶里，使瓶底对着光的方向，瓶口对着黑暗处。于是，截然不同的两种结果出现了：蜜蜂一味地朝着光的方向飞去，哪怕怎么碰壁也不放弃，最终竭力而死。苍蝇一开始也向光的方向飞去，在多次碰壁之后马上尝试飞向各处，最终在不断尝试中找到了出口，获得了新生。

这个故事告诉我们，在充满不确定的环境中，思维的僵化是一件很可怕的事。思维的“柔软”才能帮助我们寻得“新生”。我们不否认执着对人生追求的意义，但是懂得时时变通，何尝不是在“有序的死亡”中重获新生？何尝不是另一种强大？

愿你在修炼中，获得真正的柔软。

5/13 只有你好看了，你才会更加被看好

作家曹明华曾说过：“小时候看人是好看、不好看，现在看一张面孔，全是内容。”一张面孔隐藏着无数的信息。你的习惯、你的状态、你的人生态度等等都写在了脸上。所以，不管什么时候，形象都是无比重要的。更关键的一点是，人在倒霉的时候，要更注重自己的形象。

人可以有霉运，但不能有霉相。人在失意的时候，不要失态。南怀瑾先生说：“人在最倒霉的时候，更要注重你的外观，这样你可能有翻身的机会。”路遥的《平凡的世界》中的孙少平因乡村教师被有权有势的人家顶替后，不得不进城找工作，从一个揽工汉做起。生活依旧困难，尽管衣服缝缝补补，但永远干净清爽。在没有被工头选中的时候，他就在角落里安安静静地看书。后来到了工地干活，他也没有因环境的恶劣和工作的辛苦而和其他工人一样不注重自己的形象。在集体宿舍里，他注意保持床铺的干净整洁，每天在其他人睡下后就着昏暗的灯光看书。后来，当地村支书夫妇看重他吃苦耐劳和品行纯良，有意招他做上门女婿。尽管他没有像别人一样紧紧抓住这个翻盘的机会，而是选择了拒绝，但也从另一个角度证明了，如果一个人在失意的时候不失态，那么机会总是更青睐他一些。

只有你好看了，你才会被看好。这种好看不是为了取悦别人而设立的虚伪形象，也不是要穿华丽的衣服、背名贵的包包、用昂贵的化妆品，而是始终保持干净得体的穿着和妆容，以及向上的精气神。这个社会很现实，如果你给别人的第一印象不好，那你很有可能失去了一次机会。没有人喜欢和蓬头垢面的人合作，也没有人喜欢与整天都是一副病殃殃模样的人交往。并不是别人以貌取人，而是形象有如无形的语言。一个人的形象背后隐藏着一个人的习惯与品性，以及他的人生态度。别人通过你的

形象，便可解读出许多信息。

如果一个人在失意的时候还能保持良好的外在形象和向上的精气神，那么在别人看来，他是尊重自己并相信自己能够跌倒再爬起来的人。与这样的人合作，更能让人感受到你做事的决心。这样的人，翻盘也是早晚的事。

所以，不管什么时候都要注重自己的形象。你的形象会说话，它无时无刻不在向人诉说着你的人生态度。

5/24 每一个让你讨厌的人都值得被尊重

生活中，我们每个人都有一些不喜欢的人和事物。面对不喜欢的食物，我们可以拒绝不吃，面对不喜欢的地方，我们可以选择不去。但是，生活的一切都不可能尽如我们所愿，很多时候我们不得不与那些我们不喜欢的人相处。那么，如何与讨厌的人相处呢？

一、求同存异

有人说，所有的烦恼都来自人际关系。这种烦恼的产生正是因为个体与个体之间的差异性。正如世界上没有相同的两片叶子，这个世界上也没有相同的两个人。每个人都有自己独特的价值观和为人处世的风格，每个人的身上都是闪光点与缺点并存。因此，我们要允许差异性的存在。在与人交往的时候，要善于用发现美的眼光看待别人，应该多关注别人身上的闪光点。

如果只是盯着别人的缺点看，别人一个小小的缺点可能就会被你无形放大，从而增加自己对别人的厌恶感。应该客观看待一个人的价值观与优缺点，不能因为不喜欢别人身上的某一特点而全盘否定别人。当你看到别人的闪光点的时候，你也是与美好同在。

二、尊重他人

尊重他人不管在什么时候都是一个人身上特别重要的品质。当我们面对自己不喜欢的人的时候，尊重他人尤其重要。

为什么呢？

如果我们在背后议论或者诋毁他人，那么跟我们讨厌的人有什么区别呢？所以，可以不喜欢，但一定要尊重。尊重我们不喜欢的人，也是我们自身修养的一种体现。

当然，这种尊重不是要求我们违背自己的内心去迎合不喜欢的人和事，只是在不得不与之交往的时候，千万不要带着偏见看待对方。否则，很容易出现水火不相容的局面。

三、反思自己是否也有我们讨厌的人身上的缺点

根据心理学家的研究发现，讨厌别人有时候是我们内心的一种反射。我们讨厌的人身上的某些特质，其实在我们自己身上也能找到。因此，当我们讨厌一个人的时候，不妨反观一下自己是否也有类似的令人厌恶之处。以他人为镜，可以明自身。这也是一种正向的自我成长。

从这一角度来说，我们反而要感谢他们。感谢他们像一面镜子投射出我们自身的不足，让我们有机会可以改正。而且，有时候厌恶感也是我们的一种体验，这种感觉有助于我们找到更舒适的关系、更同频的人。

我们要知道，每个人都有他自己的价值观，我们做不到让每个人都喜欢，也不可能做到喜欢每个人。但是，值得我们记住的真理是，在这个世界上，你如何对待别人，别人也会如何对待你。所以，不管我们有多么不喜欢或反感一个人，都不要与对方发生冲突，最好去尊重他，这也是自我修养的一种表现。

7/16

“我早就把情绪戒掉了”

前段时间手机给我推送了一则新闻：武汉一名女子因家庭琐事与丈夫发生争吵，产生了轻生的念头，于是走到河边便跳了下去。幸好民警发现，及时把女子救了起来，避免了一场悲剧的发生。可见，情绪稳定对一个成人来讲有多么重要。

情绪如同身体器官一样是我们生命中不可分割的一部分，而人在情绪崩溃的瞬间，常常会做出失控的行为。只有懂得控制情绪，让自己成为情绪稳定的人，才能把控局面。

美国密歇根大学心理学家南迪·内森的一项研究显示：人的一生大约有十分之三的时间都是处于情绪不佳的状态，因此，人们常常需要与那些消极的情绪作斗争。大家熟知的演员杨幂就是这样一个人。曾经被黑得体无完肤，有关她的网络负面消息铺天盖地。她愤怒、生气，甚至想和网友对骂，可冷静下来后发现根本没必要，因为你能堵住一个人的嘴，堵不住成千上万网友的嘴，做好自己就够了。在一次访谈中她说：“我是一个对自己挺狠的人。而被狠掉的第一条就是情绪，我早就把情绪戒掉了。”每次遇到让她感到无比生气的事情，她就会对自己自己说：给你二十四小时，你必须把这件事压下去。生气，没有任何好处。做情绪的主人，不被情绪控制，我想这也是她能长时间位居娱乐圈一线女星的关键因素之一吧。

情绪是一辆时时刻刻行驶在我们生命中的列车，情绪稳定的人不会错失一路的风景，情绪不稳定的人，人生时时岌岌可危。

根据国家官方数据表明，我国农村的自杀率远高于城市，而其中女性的自杀率又高于男性。有人开玩笑说，男性是欲望动物，女性是情绪动物，女性似乎比男性更容易拥有不稳定的情绪。看过许多有关轻生的新闻，在我看来，她们本可避免一场场悲剧的发生，却常常因为和丈夫吵架、和邻居发生口角、孩子不听管教等事情而情绪失控，一时想不开走上了不归路，实在是令人唏嘘。情绪就像魔鬼，你不控制它，它便会伤害你。

任何时候，我们都不应该成为情绪的奴隶，要学会控制情绪，保持情绪稳定，简单的事不争吵，复杂的事不烦恼，发火时不讲话，生气时不决策，悲伤时不沉沦。情绪不稳定的时候，宁可让自己安安安静的什么也不做，也不要一开口就伤害他人或自己。

控制好情绪的人，才能掌控自己的人生。

7/17 你不改变，我先改变

俄国哲学家托尔斯泰说：“世界上只有两种人：一种是观望者，一种是行动者。大多数人都想改变这个世界，但没有人想改变自己。”然而，不管是改变世界还是改变别人，都是极其痛苦的。若是想改变现状，唯有改变自己，才能抵达心中的彼岸。

观望不如行动，与其想着改变别人，不如先改变自己。

曾经看过一个让我印象非常深刻的泰国广告：一个女孩因为身材肥胖，经常被人欺负，痛苦不堪。奶奶告诉她，村后方的山丘上有一口枯井，传说用水把枯井填满，就会有神仙出现并帮人实现一个愿望……于是，女孩提上两只空木桶，迈开步伐，坚定地踏上了艰辛的挑水路程。待她把枯井填满之后，发现这个世界上并没有神仙，沮丧低头时却看到了水里自己的倒影，居然变得又苗条又好看。

这则广告的最后出现了一行字：只有你自己可以改变自己。原来，命运一直掌握在自己手中。当你想获得一些东西的时候，如果把希望寄托在别人身上，等待着对方发生改变，那么就是把决定权送到了对方手上，自己将会一无所获。唯有改变自己才是王道。改变了自己，世界都会为你让路。

古希腊哲学家柏拉图对弟子说他能移山，于是弟子们纷纷向他请教移山的方法，准备效仿尊师。这时，柏拉图哈哈大笑道："其实很简单，山若不过来，我就过去。"一言既出，弟子们不禁纷纷哑然。世上本没有所谓的移山之术，唯一能够移山的秘诀就是：山不过来我过去。同样的道理，人不能改变别人，那么就改变自己。这个道理同样适用于夫妻间的相处之道。有些人在婚姻中过得不好，总是希望或要求对方为自己做出改变，让他（她）成为自己心目中的那个人。然而，结果往往适得其反。

有些事情越是强求，越会成为一种奢望。其实，一个人很难让另一个人真正改变。

与其想着让伴侣改变，不如先改变自己，去拓宽自己的人生边界，丰盈自己的内心世界，让自己走向广阔与丰富。

有人说：改变别人是痛苦的，改变自己才是幸福的开始。对于这句话，我深以为然。世界上最难的事不是把别人的钱装进自己的口袋，而是把自己的想法装进别人的脑袋。改变别人，就是把自己的想法装进别人的脑袋，这是一件极其艰难又痛苦的事。奥斯卡·王尔德说："人是理性动物，但当他被要求按照理性的要求行动时，他却要发脾气了。"每个人都有自己的想法，强行改变别人，就是不考虑对方的习惯和感受，给对方施加压力，这样，常常会招致对方的反感和抵触。

改变自己，跟随自己的内心走，不断靠近心中期许的那个自己，将会越来越幸福。愿你有改变自己的勇气，成为人生的智者，迎接属于自己的万丈光芒。

7/20 女人永葆年轻的秘诀

杨澜说：女人的老去，是从她停止学习那一刻开始的。爱学习的女人内心拥有一块肥沃的土地，纵使容颜会随着时间慢慢老去，这片土地也不会贫瘠和荒芜，反而会收获时间赠予的“腹有诗书气自华”般的魅力。这是一份远胜于好看的皮囊的魅力，是女人最高级的魅力。

一、爱学习的女人，有理想有追求

杨澜曾经辞去在央视令人羡慕的工作，顶着外界的质疑声去哥伦比亚大学读书。1993 年申奥的失败，让她看到了中国整体实力的不足，也看到了东西方的差异。那时候的她虽然有着一份令人羡慕的工作，可内心强烈感觉到“人外有人，天外有天”，自己对外部世界的了解少之又少，是那么渺小的存在。她说：“人活这一辈子，我不想只做一个喉舌，还是希望对这个世界能有些自己的见解和观点。”带着这份追求与理想，她出发了。多年后，回想这段在当时看来很疯狂的行为，她心怀感恩，坦言留学改变了她的世界，丰富了她的人生。

二、爱学习的女人，自带光芒

每次去图书馆看书，最让我动容的是，看到那些头发花白、视力模糊的老奶奶，仍然拿着放大镜看书或者做笔记。她们不急促、不盲从的样子，散发着从容不迫的自信的光芒。

毕淑敏说：“日子一天一天地走，书要一页一页地读。清风朗月水滴石穿，一年几年一辈子读下去。书就像微波，从内到外震荡着我们的心，徐徐地加热，精神分子的结构就改变了、成熟了，书的效力就凸现出来了。”

我想，这就是持续学习带给人的魅力。

三、爱学习的女人，心态年轻。

这么多年以来，我接触了无数热爱学习的女性，我在她们身上感受到的最大魅力就是年轻。这种年轻，不是胶原蛋白撑起来的年轻，而是整个人充满神采和活力。不管什么年龄，依然对世界有着新鲜好奇的探索欲。段姨曾经是臻尚美最年长的一位学员，年过七旬的她在完成环球之旅后，继续以一名“小白”的身份进入优雅仪态课堂，与一群年龄比她小很多的“妹妹”一起上课。而与她一同上课的人，丝毫感受不到与段姨有年龄上的差距。她上课的精神状态一点也不输年轻人，年龄仿佛是被她遗忘了的一件物品。

她曾经说过：“我的人生从遇见优雅仪态而重新开始，我的心里被滋润了，感觉更年轻更快乐了。”虽然已经 72 岁，但学习让她重新焕发出生命的活力。

一个始终都在学习的女人，永远花开不败、魅力绽放。

7/22

做人，越干净，越高贵

今天，我想和大家分享一个小故事：一个老和尚和一个小和尚外出游历，途中遇见一位因摔跤受伤而行走艰难的妇人。老和尚上前询问妇人是否需要帮忙，妇人说自己的家就在前面不远处，问老和尚是否能帮个忙背她回家。善良的老和尚答应并背着妇人回家了，随后，继续和小和尚赶路。一路上，小和尚嘀咕不停，最终忍不住问老和尚：“师父，您怎么能背女人呢，这不是犯戒了吗？”老和尚回答道：

“哎呀，我都把这件事忘了，你怎么还放在心上？要是这样说，你才是犯戒的那个人呢。”小和尚摸着光溜溜的脑袋露出满脸疑惑。老和尚说：“助人为乐不分人群，况且我已经忘记她了，而你还一直惦记着她，我的心比你还干净。”小和尚恍然大悟。心灵干净的人，就像一块明镜，内心坦坦荡荡；而心灵不干净的人，看到的将是一个肮脏不堪的世界。

钱锺书曾说：“洗一个澡，看一朵花，吃一顿饭，假使你觉得快活，并非全因为澡洗得干净，花开得好，或者菜合你口味，主要因为你心上没有挂碍。”人生在世，想要活得通透，心中无挂碍，就一定要活得清白、干净。

鲁迅先生曾说：“社会是一个大染缸，千奇百怪，无所不有。”于是，有人说，在这个犹如大染缸的世界里，没有人是干净的。但其实不是的，内心干净的人，即便是再污浊的染缸，也浸染不了他的内心。由此我想到了张桂梅老师，一位内心非常纯净的教育工作者。为了大山的女孩能有读书的机会、走出大山改变命运，她把自己的生命都奉献给了那片贫瘠的土地。在筹备丽江华坪女子高级中学的初期，由于经费严重不足，她曾向有关部门申请提前将自己的丧葬费领出来；每逢休息，她放下教师尊贵的身份，像乞丐那样在街上乞讨，被鄙夷、被质疑，受尽万般屈辱，她也不曾动摇。不管别人怎么评价、怎么质疑、怎么诱惑，身体再怎么受折磨，她只有一个坚定的目标：让大山的女孩走出去。有人说，内心干净，是周敦颐的“出淤泥而不染，濯清涟而不妖”，而我认为，内心干净，是张桂梅老师的“捧着一颗心来，不带半根草去”。

内心干净的人像一杯清水，是清澄明亮、纯洁无瑕的，经得起时间的考验。人生在世，做人要干净——不仅要保持外表干净，内心也要真诚坦荡。就像孟德斯鸠说的那样：“美必须干干净净，清清白白，在形象上如此，在内心中更是如此。”

做人，越干净，越高贵。

7/26

爱与被爱都幸福

泰戈尔说：世界上最遥远的距离不是生与死，而是我站在你面前，你却不知道我爱你。曾经这句广为流传的话，看似调侃，却道出了大多数人对爱与被爱的感受。有人想爱，却不知道如何表达；有人被爱，却无法感知和回应，这其实是一种莫大的遗憾。如果我们拥有爱的能力，我们就会发现，不管爱与被爱，都是一件幸福的事。

我常常感到很幸福，因为我能感知到身边的人对我的爱。有些老师出差，看到某样东西联想到我，会立刻给我发信息，并且顺手把东西买下寄给我。我知道，这是一份跨越千里、时刻被人惦记的爱。每次去全国各分院进行课程分享，我也同样被爱包围着。

不管是从高铁站到酒店的全程接待，还是鲜花和房间的精心布置，以及餐桌上写给我的卡片，都让我感受到了分院的仪式感，以及对我满满的爱。平时忙于工作，每天都在不停地“运转”，但不管我多晚回到家，都有一盏灯为我而留，都有热腾腾的饭菜等着我。

我的家人帮我照顾孩子，给我力量，让我没有后顾之忧。在工作上，也有一群支持我的小伙伴，他们不辞辛劳，没有怨言，面对困难也始终站在我的身后给我力量。我感到非常幸福，我的亲人爱人、同事朋友，以及全国的姐妹们，时时刻刻都在给予我爱的力量，而我也在尽自己最大的努力回报每一个人。

当然，这表达爱、回应爱的能力需要建立在懂得爱、感受爱的基础上，这样才能让爱时时刻刻在生命中流动……

天后班课程上分享的礼仪课，其实也是一门关于“爱”的课程。礼，为内心的尊重；仪，为外在的仪式。这两者刚好与爱相融合。一个人对另一个人足够尊重，就一定会处处为对方着想，让对方体会到一种被尊重的仪式感。比如干净整洁的仪表、赞美鼓励的话语、谦和友好的态度等等。只有一颗尊重的心，才能呈现出让对方舒服的仪式。比如说：我尊重花花草草，我就不去践踏，绕道而行，这是对小生命的尊重；我尊重上司，我就不会顶撞上司、服从安排，这是对职场的尊重；我尊重孩子，就平等地与他交流，不以命令的方式强迫他做事。有礼没有仪，内心的尊重，就不会被看到、听到和感觉到，留下很多遗憾和伤害。同样没有礼只有仪，就像披着羊皮的狼，一切都是表面功夫，没有从心出发，都是虚伪的表现，无法与人真诚相待。

爱是发自内心的、能够温暖人心的力量。如果你爱你身边某个人，就用他愿意接受的方式表达出来，让对方真切知道你内心的爱意。这样，人生才不会留下遗憾。对于父母，可以用他们需要的方式给予，比如说声“我爱你”，给予拥抱，常相陪伴。对于孩子，可以用健康成长的方式给予，比如尊重孩子，与他平等对话，或成为孩子的榜样，言传身教。

同样地，当我们被爱的时候，也要学会感知爱。只有这样，才能让自己每天生活在喜悦和幸福里。拥有爱的能力，不管爱与被爱，都是一件幸福的事。

愿每一个人都活在爱与被爱的世界里。

8/3 “糊涂”的女人最好命

意大利文学家阿雷蒂诺说：“人不会装糊涂，就不懂如何生活；装糊涂既是盾，刀枪不入；又是箭，什么盾也挡不住。”

糊涂，听起来是一个贬义词，却是一种随性、豁达的生活态度，是一种生活智慧。一个人如果太精明太计较，对什么事都不糊涂，反而会活得更累。

为人处世，与其事事精明，不如偶尔糊涂。

听过一个很有趣的比喻："美满的婚姻，是由瞎眼的女人和耳聋的男人缔结而成的。"两个人在一起，不必事事都争个输赢高低，偶尔的糊涂，反而会更幸福。

在一档明星真人秀节目中，袁弘、张歆艺夫妇在一起贴窗纸，张歆艺不小心把窗纸裁小了，正懊恼不已的时候，袁弘安慰她道："是窗户的不对。"较劲儿的张歆艺用尺子量了一下，发现确实是自己把尺寸剪小了，袁弘再说道："这是尺子的问题。"张歆艺听完后哈哈大笑，也不再较真儿窗纸的尺寸大小。于是，贴窗纸在愉快中进行了下去。

袁弘的装糊涂，犹如夏日里轻轻飘荡的晚风，是那么的温柔，隔着屏幕，也能感受到满满的爱意。偶尔装糊涂就是给生活加上一层滤镜，让生活有不一样的光彩。

偶尔装糊涂，不仅可以使相爱的两个人感情更甜蜜，而且可以让家庭关系更和谐。

自古以来，婆媳关系就令无数女人深感头疼。但是，有的人却可以把婆媳关系处理得很好。

如果你仔细观察就会发现，能把婆媳关系处理得很好的人，大多数都有一颗"糊涂"的心。她们凡事不斤斤计较，懂得换位思考，倾听对方内心的真实想法；有事小声说，没事笑着说，无关紧要的事睁一只眼闭一只眼。只有这样，婆媳关系才融洽。

反观那些婆媳关系不和的人，大多数都爱斤斤计较，往往会为一点鸡毛蒜皮的小事纠缠不休，甚至耿耿于怀。婆婆与儿媳想要愉快地生活在同一个屋檐下，请试着偶尔装装糊涂吧。

因为，处理生活中那些无关大局、枝枝蔓蔓的小事，装糊涂其实是一种聪明的做法。

以前，我的爱人也说我是个糊涂的人。而我却认为，正是因为我"糊涂"到不计较得失，"傻"到被伤害多次依然坚守初心，才有了今天被人信赖的好人缘。

有人说，凡是太精明太算计的人，实际上都是很不幸的人。对于这句话，我深以为然。有些人每天千方百计地算计他人，想着占别人便宜，以为这样会让自己过得更好。但其实，越是“精明”的人，往往输得越惨。

为什么呢？道理很简单，我们都听过一句话：聪明反被聪明误。处处算计，凡事只考虑自己，人缘就会越来越差，最终作茧自缚。

反观那些“糊涂”、大智若愚的人，人缘会越来越好，烦恼会越来越少，得到的帮助则会越来越多。林语堂先生曾说：“现代人把人生看得太严肃，世界就充满了苦恼。”

偶尔“糊涂”，生活也许更美好。

8/4 好的婚姻，是彼此扶持、彼此成就

苏炳添在东京奥运会上以 9.83 秒的成绩再次刷新了亚洲纪录，登上了各大热搜榜。于是，他与妻子林艳芳的爱情故事，也随之被大家关注。两人青梅竹马，经历了十多年的爱情长跑，从校服到婚纱，终于走进了婚姻殿堂。

这一路走来，苏炳添在世界各地用力奔跑，为国家赢得了一项又一项荣誉，林艳芳在后方守护他们的小家，为他免除后顾之忧。苏炳添也从不掩饰自己对妻子的爱意，每次比赛完都会第一时间拨通妻子的电话，与她分享比赛的情况；所发的微博，除了广告，几乎每一条都 @ 妻子。而林艳芳在微博的每一条动态，不管大事小事，也都一一 @ 苏炳添。

他们虽然不能每天陪伴在彼此身边，但时时刻刻想着对方，给对方最大的安全感。他们的故事，令无数网友羡慕着，直呼这是神仙爱情。

其实，爱情和婚姻都是两个人的事，只有互相成全，给予对方想要的和需要的，才能长久。如果是一味追求自我满足的爱情，或单向付出的感情，就会像美丽的泡沫，

稍不留意就破碎了。

这不禁让我想起同样是国家运动员的郭晶晶与她丈夫霍启刚的故事。在一次采访中，他们分别向观众做自我介绍，霍启刚说："大家好，我是霍启刚。"郭晶晶则说道："大家好，我是霍启刚的老婆郭晶晶。"霍启刚听到郭晶晶的介绍后，毫不犹豫地补充道："我是郭晶晶的老公霍启刚。"

虽然这是一个小小的细节，却可以看出这是来自他们心灵深处的互相认同和彼此成就。他们是两个各自独立的灵魂，却互敬互爱，你中有我，我中有你。

电影《花样年华》里有一句话："我从来没有想到原来婚姻这么复杂，还以为一个人做得好就行了，可是两个人在一起，单是自己做得好是不够的。"好的婚姻，是彼此扶持、彼此成就。钱学森先生回国后，全身心投入国家"两弹一星"的事业，抽不出身来照顾家庭，而蒋英对他说："中国可以少我一个歌唱家，却不能少了你这个火箭专家。"

吴京在拍电影《战狼》的时候，因资金短缺把房子卖了，妻子谢楠坚定地对他说："如果你不做这件事，你可能一辈子都没办法开心。你要是输了，我养你。"

大家口中的蔡先生是我的爱人，有一次看到我在一天之内连续辗转于几个城市之间，我开的车已经发出休息提示，而我还没能停下来休息。当时的他触动很大，决定放下外企高管的工作，全身心支持和帮助我，因为他知道臻尚美这份事业对我以及社会的意义。

我是所有臻尚美人最坚强的后盾，而他又是我最坚强的后盾。

给予对方需要的关心和支持，让对方无后顾之忧地做自己热爱的事情，我想，这是世间最美好的爱情。

好的婚姻，是两个平等独立灵魂之间的共鸣和相知，低谷时相互扶持，荣耀时一起享受，彼此信任，彼此依赖。就如舒婷《致橡树》一诗中所写：

你有你的铜枝铁干，像刀，像剑，也像戟；

我有我红硕的花朵，像沉重的叹息，又像英勇的火炬。

我们分担寒潮、风雷、霹雳；
我们共享雾霭、流岚、虹霓。
仿佛永远分离，却又终身相依。

8/20 独立的女人最美

如果你问我什么样的女人最美？

以前的我可能会告诉你长得好看的女人最美，现在我会毫不犹豫地说独立的女人最美。好看的皮囊固然重要，但是独立对于一个女人来说更为重要。因为，独立是一种由外到内的综合的美，是思想、事业、形象等各方面的麇集之美。

一、拥有自己热爱的事业（事业独立）

电视剧《我的前半生》中，罗子君在离婚前是一名全职太太，她大学毕业后就嫁给了年薪百万的陈俊生，每天过着养尊处优的生活。可是当婚姻危机来临的时候，她慌乱得像一头迷失在森林里的小鹿，没有事业，经济不独立，没有任何职场经验的她，对未来的生活手足无措。反观她的闺蜜唐晶，有自己热爱的事业，有想法有主见有能力，在闺蜜深陷婚姻危机的时候，还能成为她的依靠。罗子君很漂亮，可大家似乎更喜欢唐晶的气质，那是一份职场女性的自信之美。

事业是一个女人的底气。

有一份热爱的事业，就意味着有赖以生存的技能以及稳定的经济来源，不用依附他人，能够有尊严地活着。即使面对生活的不确定性，也不至于手足无措、困顿迷茫。

事业独立的女人，有一份底气之美。

二、有自己的想法和见解（思想独立）

如果你看过《奇葩说》，你会觉得那是一个神奇的舞台，它让我们看到了许多长相普通却也闪闪发光的人。詹青云是《奇葩说》舞台上一个长相很普通的女子，但是她的每一场辩论都能折服众人，让人为之倾倒。独到的视角，强大的逻辑，流利的表达，宽广的格局，无不散发着睿智的光芒，那是一份远胜于好看的皮囊的魅力。思想独立的女人，有自己丰富且饱满的精神世界。她们凡事有自己的想法与见解，往往坚定而自信，不会被别人的想法牵着鼻子走。

思想独立的女人，有一份睿智的美。

三、能管理好自己的形象（形象独立）

我们说：透过一个人的外在形象可以窥探到他真实生活的样貌。因为，从一个人的身材能看出其是否自律，从一个人的穿着打扮能看出其对生活的态度。真正独立的女人，往往都很注重自己的形象。即使没有倾国倾城的容颜，那也一定是懂得管理自己的身材和皮肤的人。在臻尚美，有许多女性从不独立跨越到独立的第一步，就是改变自己的外在形象。她们从家庭主妇的身份脱离而出，从世俗的偏见与束缚中挣脱而出，走进优雅仪态课堂，从修炼外形到提升内在，一步一步摒弃以往不修边幅的形象。

形象独立的女人，有一份优雅之美。

真正美丽的女人，光有好看的皮囊是远远不够的，因为容颜会随着时间的流逝而老去，唯有自己热爱的事业、自己的思想以及日益修炼沉淀的气质才会深深地刻进自己的骨子里，成为我们生命的一部分，任时光流逝，都能在我们生命之河里熠熠生辉。

愿每一位女性都能有独立的事业，不依附他人而活；有独立的思想，不活在他人的思想掌控之中；有独立的形象，活出自己的优雅与魅力。

8/21 待人接物，重在“六施”

人生在世，与人相处一直是一大难题。比如婆媳关系、夫妻关系、亲子关系、同事关系等等，如何处理这些关系，自始至终都没有一个标准答案。在我的课堂里，我会将与人相处比喻成照镜子。

你对着镜子里面的人做什么，镜子就会投射并回应什么。你对镜子笑，镜子里的人也会同时笑；你哭，镜子里的人一定是哭；你愤怒，他依然是愤怒……同理，你对身边人如何，对方就一定会用同样的方式对待你。

不要总期待对方先对我们好，如果镜子外的我们没有主动表示友好，镜子里永远是无动于衷。如果你希望对方笑，你就应该先笑，如果你希望对方对我们好，我们就应该先对对方示好。在臻尚美有一种文化就是：每期丽人课开课都会有赠送玫瑰花的环节，那是因为“赠人玫瑰，手有余香”。

生命是一场回声，你我都是作曲人，就像那句歌词写的：“只要人人都献出一点爱，世界将会变成美好的人间。”善待世间一切人，一定能得到回馈。

然而，善待他人不一定用钱，一个人即使没有钱，亦可以给予别人六样东西。那就是生命“六施”：心施、眼施、颜施、言施、身施、房施。不管是在职场还是在家庭，或是其他场合，做到“六施”，能让人与人之间的关系更融洽美好。

心施，即敞开内心，心存诚恳、恭敬、谦和、感恩、善良……有人说，成功的秘笈，其实就是简简单单的一句话：心无旁骛，用心做事做人……

心，是一切的主导。只有你的内心打开了，你才能接纳万物、容纳所有，才能把事情做好。因为，敞开内心做事的人，真诚用心，有态度有责任。有时候，我们会看到某个人做事特别别扭，看起来像被逼迫一样。我想他的内心一定是没有敞开的，是为了做事而做事，即大家所说的心不甘情不愿。

真正敞开内心做事的人，他的一言一行都是从心底出发，能做到真正的身心合一，让人感到舒服、亲切、真诚。

眼施，即对身边的人投以赞许、鼓励、友善等正能量的眼神，以善意的眼光看待别人。我们总说眼睛是心灵的窗户。其实当我们与他人交流的时候，眼睛还是我们传达心灵语言的重要工具。你是温和友善，还是厌恶不耐烦，看眼神就知道。因为，嘴巴可以骗人，但眼神骗不了人。

眼神是一个人内心的折射，你的心如何，眼神就如何。因此，我们要从心出发，用眼神传递我们的赞许、鼓励、友善等，让别人感知美好。

颜施，即不仅要有得体的妆容，也要时刻以微笑待人。如果你仔细观察，你会发现生活中好看的人比不好看的人受欢迎，爱笑的人比不爱笑的人受欢迎。因为，人都是喜欢美好或温暖的事物。得体的妆容，不仅让人感到赏心悦目，也是对他人的一种尊重；微笑待人，能带给别人阳光般的温暖。

我相信，每个人都喜欢接近温暖快乐的人，而非那些总是板着脸看起来很凶的人。做一个美好的人，让别人感到美好，也让自己收获美好。

言施，即对别人多说鼓励、安慰、称赞、祝福的话，好听的话多说，伤人的话不说。我们都知道，良言一句三冬暖，恶语伤人六月寒。一句鼓励、肯定的话语，也许可以影响别人生命的某一段旅程。

曾经，几乎所有人都不看好小兰老师能成为一名优雅仪态导师，而我对她说："小兰，你是独一无二的存在，你性格爽快，真诚善良，是我要打造的潜力股。"正是这句鼓励的话，成为她追梦路上的动力，让她最终如愿所偿。

正所谓："与人善言，暖于布帛；伤人以言，深于矛戟。"好听的话，鼓励的话，不仅让人开心，也能成为别人的动力，而伤人的语言就如刀剑在别人心上刺下深深的伤口。

身施，即身体的互动以及行动上对别人的帮助。

拥抱、鼓掌、鞠躬这些看起来很平常的肢体语言，也能于无声处发出温暖的声音。帮别人提一下行李、擦一下汗，这些力所能及的小事，也能于细微之处见真心。

曾经有院长对我说，臻尚美就是她们的“娘家”。因为每次回到总部，我们的小伙伴都很热情用心地对待她们，给她们拥抱，及时给予帮助，让她们有家的感觉。

我想，这是身施最大的功劳。

房施，即有一颗包容、宽恕的心，要有容人之度量。

我们每个人一生都会遇到形形色色的人，有人素质高，有人素质低。我们无法决定别人的素质高低，也不能左右别人说什么话，却可以决定自己内心的包容度。不管别人对你说什么话做什么事，只要不触及底线与法律，我们都应该像大海一样包容所有。这种包容，不是软弱，而是不以别人的错误惩罚自己，以我们的包容之心让别人有所感悟。

待人接物，如果能做到“六施”，我想，我们的工作会顺利很多，人际关系也会融洽起来，自身的价值感也会直线上升。

让我们以“六施”对待我们生命中每一个遇见的人吧。只要人人都献出一点爱，世界将会变成美好的人间。

8/24 直面内心的自卑，成为强者

这个世界上，没有谁不自卑。有人因身材而自卑，有人因学识而自卑，有人因家庭而自卑……总之，自卑的理由各不相同。而自卑的人，对自己的人生态度也是

千差万别，有人任由它在心里肆意生长，然后一步一步将自己吞噬；有人则把它视为一种驱动力，鞭策着自己不断前进，直到变成真正的强者。哲学家斯宾诺莎说：“自卑虽是与骄傲对立，但实际上离骄傲最近。”如果你想要取得进步变成强者，就需要直面内心的自卑。因为，直面内心的自卑是进步的起点。

毕淑敏说：“自卑出现了并不可怕，只要把自卑摆到桌面上来，找到自卑的原因和表现，从容面对，自卑就成了一张纸老虎，一戳就破了。”曾经我也因身高而自卑，以至于每次拍照都不愿意和个子高的人站在一起，也总是想着自己要是再长高十厘米就好了。可是，身高是个无法改变的事实。

唯有直面它，我才能放下心里的包袱，让自己更加轻松地前行。对于优雅仪态导师来说，我也知道自己在身高方面并不占优势，只有努力让自己变得专业再专业，才能在这个行业里取得一席之地。

如今很多人都说我身上有一种“反差萌”，即小小的个子，却能释放强大的能量。阿德勒的“勇气心理学”说：“不在于被给予什么，而在于如何去使用被给予的东西。”直面自卑，找到生命的另一出口，让那些曾经使我们自卑的事成为我们生命的闪光点。

亦舒说：“小溪，从不自卑自己的浅薄，时刻坚信，只要前进，终会发现大海。小草，即使不能献给春天一缕芳香，也要把一片新绿献给大地。”赵丽颖出生于河北廊坊的一个农村家庭，经常被人嘲笑形象土气。她没有好看的学历，也没有资本和背景，在才子佳人云集的娱乐圈犹如一颗黯淡得让人可以无视的小星星。为此，她也深深自卑过。可是，她从不避谈自己的出身与学历。她知道自己无法决定出生在什么家庭，但是未来却可以靠自己拼搏，自卑不应该成为自己裹足不前的遮羞布。她自卑却不放纵，而是苦练表演，用演技说话，默默提升文化知识与衣品，终于在潜伏多年后得到了观众的认可，在娱乐圈杀出一条血路，跻身“一线小花”行列。赵丽颖的故事告诉我们，自卑并不可怕。当你直面自卑的时候，它也许是一件好事，它可以成为一股逆向的力量督促你成为强者。

曾经看过一本书叫《被讨厌的勇气》，里面说：自卑感其实来自我们的主观臆造，我们无法改变客观事实，但可以任意改变我们的主观解释。直面自卑，让人生更加绚丽多彩。

8/25 你对别人的善意，其实都是在成全自己

爱默生说："人生最美丽的补偿之一，就是人们真诚地帮助别人之后，同时也帮助了自己。"我相信大家都听过盲人夜里打灯笼的故事。别人都笑盲人傻，明明看不见还要打灯笼，这不是多此一举吗？盲人却说："我打灯笼不是为了给我自己照路，而是为了给他人提供光明，帮助别人看清道路，让别人不因黑暗而摔倒。这样一来，别人也会看见我，不会撞到我，我也能保证自己的安全。"照亮别人，其实也是在照亮自己。

每次毕业晚会，我都会收到许多姐妹的感谢与祝福。她们前来与我拥抱，说感谢我创立了臻尚美，让她们的人生不再是单行道，有了更多的可能性。虽然我创立了臻尚美，让千千万万女性的人生因优雅仪态而发生了改变，但是，我清晰地知道，反过来其实她们也成就了我，让我有了今天，让我的梦想之路不再那么山高水远。

人，永远是相互的。你在渡别人，其实别人也在渡你。

我很赞同一句话："当你手捧鲜花送给别人时，首先闻到花香的是自己；当你抓起泥巴抛向别人时，首先弄脏的也是自己的手。"

前不久有臻尚美的助教团收到了学员送来的一面锦旗，问其原因才知道，原来是助教团老师们在课堂上与生活中的细心与付出感动了她们，而学员们也发自内心地感谢。

我想这一面小小的锦旗，一定会成为助教天使们优雅仪态之路上的一份美好回

忆，给予他们前进的力量。爱出者爱返，福来者福往，大概就是这样子吧。这不禁让我想起了前段时间火遍全网的鸿星尔克。鸿星尔克在河南遭遇特大暴雨受灾的时候，低调捐款了五千万。这一举动被细心的网友发现后，大家纷纷开启“野性消费模式”：线下实体店销售量增加了十倍，从去库存到卖断货；在线上直播间商品一上架就被抢空，其董事长的抖音号一夜涨粉上千万。除此之外，还连续几天在热搜榜上霸榜，让原本“没什么存在感”的鸿星尔克迎来了一次高光时刻，让更多人记住了它。作家冷莹说：“你对别人的好和善意，最后成全的都会是你自己。”鸿星尔克因为自己“淋过雨”，所以想为别人“撑把伞”，却没想到得到了更多的“伞”。

生命就像是一种回声，你送出什么它就送回什么，你播种什么就收获什么，你给予什么就得到什么。

人际关系亦是如此。别人怎么对待我们，其实决定权在我们手里。对别人的善意，最终成全的都是自己。

9/2 你只有自己努力，才能得到想要的东西

曾经在“知乎”上看到有人问：为什么你要那么努力？回答区出现了几千个人的答案，其中有一个回答我觉得特别真实：第一眼就看上的衣服，往往买不起；第一眼就心动的人，往往不会喜欢你。你真正喜欢的想要的，没有一样，是可以轻易得到的。这，就是努力的理由。

路遥在《平凡的世界》里说：“在这个世界上，不是所有合理的和美好的都能按照自己的愿望存在或实现。”因此，只有自己努力，才能得到想要的东西。

余秀华，一个平凡普通的农村妇女，出生时因缺氧而导致脑瘫，行动不便，说

起话来口齿不清。高中毕业后，赋闲在家。父母担心她一个人无法生活，便安排她和一个大他 13 岁的人结了婚。但是，没有感情基础的婚姻，两个人的价值观完全不一样，生活带给两人的没有一丝甜蜜反倒是无尽的争吵。她不喜欢这样的生活，她喜欢写作，想成为一个作家，希望通过自己的努力赚钱养家，逃离现有的生活，并且实现自己的人生价值。

于是，她不断地写作，在家里写，在田埂上写，白天写，夜晚写……也经常把自己的作品发布到网上。上天不会辜负任何一个真正努力的人，越来越多的作家看到并认可她的作品，纷纷邀请她写作。后来，凭借一首诗她火遍了全网，受到了无数人的关注，多年的努力终于被看到了，找到了自己的价值，她也因此有了经济能力告别那段折磨人的婚姻，去奔赴自己想要的生活。余秀华的故事告诉我们，自己想要的东西，不会凭空奔你而来，必须要自己努力去争取，才能握在手上。

我出生在农村，从小心中就有一个公主梦，我希望自己能像公主一样优雅美丽、闪闪发光。然而，我的家境一般，不能像城里的孩子参加各种各样的兴趣班去支撑自己的梦想。尽管这样，我的梦想也没有泯灭。我知道，自己想要的东西，不能依靠别人，而是要靠自己。在校时，别人一有时间就去逛街或者玩游戏，而我则利用学习之外的时间学习舞蹈；工作后，我放弃稳定的外企工作，从事过舞蹈、形象设计培训工作，只为了离梦想更近一点。后来接触了优雅仪态，我又一次在亲朋好友的不理解下，将自己全部积蓄投入优雅仪态学习中。于是，经过不懈努力，我离梦想越来越近。我成了一名优雅仪态导师，又创立了臻尚美，与万千女性一同奔赴下一个征程。我始终坚信努力的意义。努力可以让那些遥不可及的梦想成为真实的生活，可以让我们找到人生的价值，获得生命的意义。

有人说：你足够努力，就足够幸运。我也相信这世界不会辜负任何一份努力，时光不会怠慢执着而勇敢的每一个人，越努力越幸运。如果你有梦想，有向往，那就行动起来，努力去追逐吧。

9/3 成熟的人，在看透生活后仍保持热爱

有人说，一个人最好的状态，是脸上看起来比实际年龄年轻三到五岁，心理比实际年轻成熟三到五岁。是看过了世界的黑暗和痛苦，却依然相信它的单纯。就如罗曼·罗兰说的那样：“世界上有一种真正的英雄主义，那就是看清生活的本质后，依旧热爱生活。”人生之事十有八九不如意，真正成熟的人，是在看透生活后仍保持热爱，是纵使千难之后有万难，也要关关难过关关过。

路遥《平凡的世界》中的孙少安，为了把读书的机会让给弟弟妹妹，他小学毕业后就选择回家与父亲一起承担起家庭的责任。面对“烂包”的家，他从未嫌弃过或想要放弃不管，他始终相信自己可以把“烂包”的日子过成好光景。因此，不管是不能和心爱的人结婚，还是被批斗，或是在砖厂倒闭后欠着一堆账的时候，他都能笑对生活，而不是沉沦在生活的苦难里，最终，把“烂包”的日子过成了好光景，带领村民一起过上了好日子。

高尔基说：世界上只有两种生活方式：腐烂或燃烧。胆怯而贪婪的人选择前者，勇敢而胸怀博大的人选择后者。

孙少安是后者。这个世界上不如意的事很多，我们的一生也会遇到各种各样的坎儿，而我们应该始终热爱生活，即便遭遇重重困境，也要寻找机会重新出发。

在臻尚美，真正让我热泪盈眶的不是每个月的业绩有多好、赚了多少钱，而是那些身上怀揣着故事、认清苦难后依旧热爱生活的人。在五月份的毕业典礼晚会上，郑红姐姐一首真挚而深情的朗诵，似乎让大家都看出了她对生活的态度。她中年离婚，独自一人抚养儿子长大成人并送他出国留学。原本以为可以幸福长久的第二次爱情，也在对方患癌去世后戛然而止。然而，命运的捉弄在她身上依旧没有停止。2014 年

经人介绍她认识了一位医学博士，被对方的优秀博学所吸引，坠入了爱河。可令她意想不到的是，这么优秀博学的人背面竟然带着一副家暴的面孔。去年，郑红姐姐去参加好姐妹的喜事，回到家却遭受对方劈头盖脸的谩骂，她想为自己辩解，没想到博士先生一怒之下冲进厨房，拿起菜刀咆哮起来……

这件事给她的心灵带来了不小的创伤，甚至令她陷入抑郁。当身边人都担心她走不出来的时候，她在短暂的迷失后迅速振作了起来，并说“一切都是最好的安排”。如今，她不为过去的苦难而沉沦，而是在看清这一切之后，依旧相信生活的美好与人间的可爱。

人生在世，幸福与苦难是并存的。我们人生的每个阶段也会经历不一样的坎儿，十几岁的懵懂，二十几岁的迷茫，三十几岁的压力等等各种困难。但是，不管怎么样，我们每个人都应该有一种“生活虐我千百遍，我待生活如初恋”的勇气和心态，这样，生活才会越来越甜美。

就如普希金说的那样：“假如生活欺骗了你，不要悲伤，不要心急！抑郁的日子里须要镇静：相信吧，快乐的日子将会来临！”

9/10 你的形象就是你的名片，可以决定你的未来

分享一个小故事：美国著名企业家史密斯先生在报纸上刊出一则招聘广告，欲招聘一名年轻的男秘书。广告一发出，许多人就拿着介绍信前来应聘了，可最终令大家都感到意外的是，史密斯先生竟然选择了一个空手而来的小伙子查理。众人百思不得其解，斯密斯先生却说：“查理看似两手空空，其实带来的东西太多了。一进门我就注意到了他干净的皮鞋、整洁得体的衣着、清爽的头发，这表明他很注重

形象；进门后，他轻轻把门带上，并摘掉帽子对我微笑示意，表明他既有礼貌又细心；从他的身材和精神状态，可以看出他经常运动、很自律；从他的谈吐，可以看出他是一个聪明的人。这就是他带来的东西，在我看来，这些比介绍信更有用。”斯密斯先生解释完，众人豁然开朗。

原来，形象就是一个人的名片。妆容与身材、穿衣与打扮、精神面貌与一言一行等等，都是构成这张名片的主要部分。别人可以通过你呈现的形象，大体看出你的综合素质，以此来衡量你。因此，形象不容忽视。

杨澜说过：“没有人愿意透过你邋遢的外表，去了解你的内在。”当然，我们不是说要以貌取人，人也不应该只为外表而活着。但是，很多时候我们不得不承认，透过一个人的外在形象，可以窥探到他背后的生活真相和人生态度。甚至，形象还可以决定一个人的未来。

香奈儿的成就，让世人都误以为她的原生家庭无比显赫，其实她出生在一个普通的家庭，父亲是一位杂货店小老板，母亲是一位全职家庭主妇。她的母亲在她六岁的时候因患上肺病而早早离开了人世，而父亲对她们兄弟姐妹几个不管不顾，后来干脆抛下他们消失了。于是，香奈儿从小就被寄养在性格粗俗的姨妈家里。尽管如此，她也从来没有放弃过对于美的追求。在她艰难的童年岁月里，她常常独自一人躲在无人的角落，为自己心爱的洋娃娃设计各式各样漂亮的小衣服。长大后，她离开家乡只身前往巴黎闯荡，尽管生活依旧艰难，她也从不含糊对待自己的形象，而是穿着自己设计的简约礼服和礼帽，以最好的状态面对生活。

她始终坚信，人无论身处何种环境，都要保持最精致、最美丽的形象。即使生活不曾取悦自己，我们还是要创造属于自己的美好生活。正是她从小到大对自身的形象要求，让她有梦想有追求。后来，她凭借出色的技术和时尚的设计，在服装界渐渐有了名气，并创立了闻名于世的香奈儿品牌。

我相信，在我们身边有很多人平时不太注意自己的形象，认为那只不过是生活的琐事，因而随便应对。其实这是一种不正确的做法。在现代社交活动中，形象是我们的一张名片，你的一言一行可以反映出你的综合素质，关键时刻还可以决定你的成败与未来。

因此，我们要时刻注意和提升自己的形象，活出最美的自己，也让别人看到最美的你。

9/11 你的心态，决定你的生活方式

有人说："烦恼与欢喜，成功和失败，仅系于一念之间。"对于这句话，我深以为然。一个人的目标是从梦想开始，一个人的幸福则是从心态上把握。你有什么心态，就过什么生活。你有积极乐观的心态，就有积极向上的生活；你有消极悲观的心态，就会生活在灰色地带。

美国有一个叫塞尔玛的年轻女子，其丈夫奉命到沙漠腹地参加军事训练而将她独自一人留在了后方。周围全是来自其他国家的人，他们不懂英语，无法与她进行交流。塞尔玛整天孤零零地留守在一间集装箱一样的铁皮房子里，炎热难耐。她感到自己的世界陷入了孤独无助中，日子过得一天比一天烦躁。于是，她写信给父亲，抱怨她的苦楚并表示想逃离这个地方。父亲的回信只写了一行字："两个人同时从牢房的铁窗望出去，一个人看到了泥土，一个人看到了繁星。"

塞尔玛看到父亲的回信后，陷入了沉思与惭愧之中。她忽然明白了自己目前的处境，既不是由环境也不是由别人造成的，而是由于自己对待这件事的态度造成的。于是，她走出去与当地人交朋友，尽管语言不通，大家也感受到了她的热情，并回报她以热情。后来，她完全融入了当地的生活，并投入到自己感兴趣的研究之中，之前的痛苦也一扫而光。沙漠没有变，当地居民没有变，只是塞尔玛的人生视角变了，

一念之差改变了她的心态与生活。

塞尔玛的故事告诉我们，一个人的生活是什么样子，并不取决于他身处何地，周围是什么人，而是取决于自己的心态。生活是一面镜子，你若是以积极的心态看待一切，得到的回应自然是积极的；你若是用消极的心态对待一切，得到的自然也会是消极的回应。在我看来，人生没有绝望的处境，有的只是对处境的绝望。世界上很多事情的结果，其实都是心态导向的结果。心态决定行动，行动决定结果。

在臻尚美，有很多人在学习之余想成为 DJ、主持或者导师，以此逐步提升自己的能力，证明自己的价值；有人不被看好，考核了几次都没过，可仍然以积极的心态去面对一切，相信只要不断努力，就一定能成功。在这样积极心态的导向下，一次次穿过失意的藩篱，最终到达了自己的理想高地。

然而，同样的情况下，有人却消极得像被连根拔起的植物，瞬间就失去了生机，默默地接受了命运的安排，自然也就没有机会登上梦想的舞台。其实，考核的老师、考核的标准一直在那里，从未改变过。你是否能成功通过考核，更多在于心态。积极的心态是一块正能量的磁铁，可以吸引许多美好的东西，让你也变得美好；而消极的心态如同泡沫，一碰就碎，轻而易举就灰飞烟灭。

人生之事，不如意是常态。你想成为什么样的人、过什么样的生活，其实都取决于你的心态。因此，摆正心态很重要。我们应该始终做一个积极向上的人，去遇见生活的斑斓与世界的美妙。

9/15 持续的力量，能将“平凡”变为“非凡”

有人说，所谓人生，就是一分一秒持续的累积。那么我想所谓非凡，其实也是由无数次平凡的瞬间汇聚而成。当然，我们在这里所说的“非凡”，不一定是轰轰烈烈的非同凡响的伟大事业，它可以是以现在为界限，突破过去，遇见全新的自己；也可以是在平凡的岁月中，完成一些看起来遥不可及的事，让自己的生活愈加斑斓，生命得到升华。

然而，不管是伟大的事业，还是生命中的每一次突破，都是兢兢业业、一步一步持续积累的结果。

曾经有人质疑优雅仪态是个骗局，抱怨自己上了一两天课根本没有效果。一个优雅的女人，从来都不是生来优雅，或是在一天之内变得优雅。所有的优雅背后，其实都有着不为人知的持续的努力与付出。所有的光鲜亮丽，都是由无数泪与汗编织而成。就如那句古语说：“冰冻三尺非一日之寒，滴水石穿非一日之功。”

我相信，每个老师在课堂上大概都说过这样一句话：“练习形体没有捷径，只有脚踏实地地反复进行训练。”在这个世界上没有什么一蹴而就、一步登天，如果你看到一个人站在了顶峰，那么他一定经历了山脚和山腰的风景。持续的力量，是爬山者的一步一个脚印向上攀登，是“滴水穿石”的无数次坠落，是“铁杵磨成针”的反复摩擦。

在很多人看来，那些站在最高领奖台的运动员，每一个都是天赋异禀，老天赏饭吃。我们不得不承认有些运动员生来或许有一定的天赋，但在我看来，天赋不是最重要的，后天日复一日持续的训练，才是他们成功的关键。譬如，先是打破世界记录获得奥运冠军，之后又在全运会上获得金牌的全红婵，人人都感叹她是天才型的选手。她的教练在接受采访时却说道：“任何人都要经过刻苦训练，才能获得好成绩。全红婵对待训练的态度在同年龄同一批的运动员中是最投入的。她每天陆上跳的次数就在两三百个之间，水上她一般都是跳 120 个左右，比其他人都多。”

作家格拉德威尔说：“人们眼中的天才之所以卓越非凡，并非天资超人一等，而是付出了持续不断的努力。”台上一分钟，台下十年功。伟大的事业亦是日复一日朴实而枯燥的积累，所谓的天才也是发挥了“持续的力量”，才走到了观众的面前。

稻盛和夫说：“看起来平凡的、不起眼的工作，却能坚韧不拔地去做，坚持不懈地去做，这种‘持续的力量’才是事业成功最重要的基石，才体现了人生的价值，才是真正的‘能力’。”对大多数人来说，生活的变化是缓慢的。因此，持续的力量在我们生活中扮演的角色尤为重要。

只要你相信并坚持，这些看起来毫不起眼的小小努力，会在未来的某一天清晰地还给你一个非凡的人生。

9/16 只有给自我加重，才不会被吹翻

分享一个小故事：

有一个黑人小孩在他父亲的葡萄酒厂看守橡木桶。每天他都把木桶擦得干干净净，然后整整齐齐地摆放好。可是，等他第二天起床去看的时候，原本排放得整整齐齐的木桶在一夜之间全被风吹倒了，七零八落地散乱在地上。

小男孩委屈得哭了起来。父亲见状，安慰他说：“孩子，别伤心。我们不可以阻止刮风，但是我们可以想办法征服风。”于是，小男孩擦干眼泪，绞尽脑汁后想到了一个办法。他在摆放好木桶后，就去井里挑来一桶又一桶清水，并且倒进去。

夜里，依旧刮起了一阵风，小男孩心里忐忑不安。第二天天刚亮，他就迫不及待地跑到放木桶的地方。装了水的木桶一个都没有倒，原封不动、整整齐齐地立在原本的位置上。原来，想要木桶不被风吹倒，就要加重木桶自身的重量。人亦是如此，只有给自我加重，才能不被生活的大风吹倒。

湖南卫视的节目《乘风破浪的姐姐》，让沉寂多年的张含韵在三十一岁的年纪，

又一次回归到了大众的视野。因甜美的长相和声音，她十几岁就在《快乐女声》的舞台上被大家熟知，一首《酸酸甜甜就是我》更是让她红遍大江南北。木秀于林，风必摧之。突然，流言蜚语像疯长的藤蔓一样缠上了张含韵，有人质疑她的唱功，有人嫉妒她年少成名……可是年少成名的她，那时候似乎还未真正懂得生活的意义，也没有过多深入思考自己的成长，更没有足够的能力去面对这些负面影响。她像是被包装得很漂亮的商品，被摆到了橱窗最显眼的位置售卖而已。后来，歌坛的萧条影响到了她所在的公司，公司也不愿再投钱给艺人出唱片，甚至干脆解散，给了她一个措手不及。

这对于发展还不够成熟的艺人来说，是多么沉重的打击。张含韵一下子就失去了人生的归属感，像一颗香气馥郁的果子，箭矢般坠落在地。这些打击让她忽然读懂了生活的沉重与意义。于是，在被观众遗忘的那些岁月里，她默默地给自己做加法：学习古筝，提升唱功，管理身材，钻研演技等等。

在《乘风破浪的姐姐》的初舞台表演中，一边弹钢琴一边唱歌的她不仅惊艳了观众，也打破了之前在观众心目中“华而不实”的印象，得到了大家发自内心的认可。生活是一段风雨交加的漫长旅程，只有我们不断给自己的生命输入重量，才有足够的力量与那些风风雨雨抗衡。

对于明星张含韵来说是这样，对于我们任何一个普通大众亦是如此。在臻尚美，得到学员肯定或认可的人，往往是那些不断提升自我、给自己加重的人。因为，在一个团队或竞争激烈的市场中，只有不断给自己加重，才能让自己有更好的输出，从而获得学员的欢迎与掌声。

月有阴晴圆缺，生活随时也都可能刮起一阵狂风，如果你不完善自己、提升自我，就会像弱不禁风的女子，无法承受生活海浪的拍打，也无法稳稳地站在这个世界上。你只有不断给自我加重，才会像装了水的木桶不会被吹翻。

10/14

坚持好的习惯，足以改变人生

古人云：“不积跬步无以至千里，不积小流无以成江海。”人生是一场又一场的积累。有时候，生活中的一些看似不起眼的好习惯，只要你认真并持之以恒地对待它，这些小习惯会在未来某一天汇聚成一股力量，影响着你的生命历程。

一只萤火虫的光亮太黯淡，但是一群萤火虫的光亮足以照亮整个夜空。同理，短时间内坚持好习惯对生活产生不了什么影响，但长期坚持好的习惯足以改变你的人生。邹韵在获得央视主持人大赛（新闻类）的冠军后，有人说她人如其名很“走运”，才能在众多优秀的选手中登上冠军的宝座，可是了解她的人都知道夺冠并非好的运气，而是她多年的坚持在这一刻喷薄而出而已。正如她在比赛时所说：“我的报道是一条一条跑出来，一个字一个字敲出来，一个画面一个画面编出来，一场直播一场直播完成出来的；有过多少付出，就有多大底气；有过多少奋斗，就有多大运气。”

人，并不是因为优秀才拥有好的习惯，而是因为拥有无数好习惯并日复一日、年复一年地坚持，才变得越来越优秀。

培根说：“习惯是一种顽强而巨大的力量，它可以主宰人生。”

武亦姝在《中国诗词大会》上夺冠后，相关报道络绎不绝。有说她的优秀源于良好的家庭经济条件，也有说源于她父母对她的成功教育等。这些固然是令她优秀的因素之一，但我想她的优秀更多来自她对好习惯的坚持。她从小在父母的熏陶下就养成了爱看书的好习惯，并在父母的督促下阅读和背诵大量的诗词。诗词像一颗种子，从小就埋进了她的生命里，而她对这个习惯的坚持就像浇灌的水，给予这颗种子生根发芽乃至茁壮成长的重要养料。

2019 年，她以高分考取了清华大学新雅学院。我想，文学已经成为她生命中的一部分，将伴随她的一生。坚持好习惯的力量是无穷的。当你有了一个好习惯并能够长期坚持，我相信，这个好习惯会像雨水一般，润万物于无声却有着滴水穿石的力量，最终能为你生长出一片茂密的丛林。

余秀华从一名农家妇女成为家喻户晓的诗人，也是因为十年如一日地坚持阅读、写作、洞察；刘雯从乡村走向国际舞台，除了天生优越的身材，还有她日复一日的训练，以及始终保持学习的好习惯，苦练英语。

身为优雅仪态的受益者，我也见证了无数人因优雅仪态而变得更加美好。她们的美好，不仅仅因为优雅仪态这个单向选择，而是还纠正了以前形体上的不良习惯，并且日复一日地坚持，人生才得以拥有了不一样的体验。

你走过的每一步，都是构成生命的一部分。好习惯在短时间内坚持很容易，长年累月的坚持则绝非易事。如果你有一个好习惯，请一定保持住，终有一天它会为你的人生添加光彩，甚至可以改变你的人生。

10/16 好的改变，永远不嫌晚

前段时间在海南出差，我学习了游泳。以前一直认为自己错过了学习游泳的最佳时机，以后没多大机会学会游泳了，可是当我跨出那一步之后发现，只要你愿意改变，任何时候都是最好的时机。就如那句话说的一样："种一棵树最好的时间是十年前，其次是现在。"

好的改变，永远不嫌晚。前央视主持人敬一丹说："就是'什么时候都不晚'这句话，让我第三次走上了考场，终于在三十岁那一年成为北广的研究生。拿到录取通知书时，我感慨万千。三十岁，我的人生又有了一个新的开始。真正成为央视主持人时，我已经三十三岁。”

原来，敬一丹老师经历过上山下乡的知青生活，在返回省电视台工作的时候发现自己文化底子薄，萌生了考取北广研究生的想法，但又怕自己年纪大，心有不甘却又犹豫不决。她的母亲知道后，便对她说：“人的命运掌握在自己手里，真要想改变自己，什么时候都不晚。”母亲的一番话使她如醍醐灌顶，放下顾虑报考了研究生，尽管前两次都名落孙山，她却没有放弃，第三次终于被录取。

永远不要在任何事上自我设限。

无论你是几岁，也无论你目前所处的境况有多糟，只要立定目标、一步一步往前走，人生随时都有翻盘的可能性。

日本设计师山本耀司说：我从来不相信什么懒洋洋的自由，我向往的自由是通过勤奋和努力实现的更广阔的人生，那样的自由才是珍贵的、有价值的；我相信一万小时定律，我从来不相信天上掉馅饼的灵感和坐等的成就。做一个自由又自律的人，靠必定实现的决心认真地活着。

中国首位登上国际时装周的老年模特韩彬奶奶，退休后才开始走上模特之路，凭着年轻时候缝制衣服的经验自主设计衣服，一场一场地参加走秀，60 岁夺冠，71 岁惊艳纽约，和姐妹们实现年轻时环游世界的梦想。

人生没有太晚的开始，晚的只有不够全力以赴的自己。不要把自己局限在一个“年龄太大、能力不行”的状态里，也不要用“我从来没试过、我怕做不好”这样的话困住自己，一个人的性格与气质、思维与能力，甚至命运都是可以后天改变的。

跳出那些条条框框，别拒绝和错失命运抛给自己的各种可能，人生真的可以从任何地方任何时候重新开始！想要改变就勇敢地行动，不要让时间在你的犹豫不决和叹息中白白流走。

人生很长，你还来得及。

10/22

渡己是能力，渡人是格局

生活是一艘船，我们每个人都是摆渡人。渡己是能力，渡人是格局，渡人其实也是渡己。

一、渡己是能力

余秀华是我很喜欢的一位作家，除了她笔下那热烈、洒脱的诗歌，还有她自强不息的精神。从一位脑瘫的农村妇女，到成为大众熟知的诗人，她的故事一直被人津津乐道。因出生时缺氧而造成脑瘫，使她行动不便，说起话来口齿不清。高中毕业后赋闲在家两年，她的母亲便做主，在非自由恋爱的情况下让她嫁给了比她大 12 岁的男人。

两人在一起后，由于思想层次与价值观的不一致，总是吵架。她的丈夫也和别人一样看不起身体残疾的她，甚至对她家暴。离婚，成了她最大的心愿，可她的丈夫却不愿意。在这种情况下，对于一个高中毕业、身有残疾的农村妇女来说，想改变自己的人生轨道，是多么的艰难。

诗歌，成为她最大的希望。她开始没日没夜地写诗，田埂上、屋檐下，村头村尾，都留下她埋头写作的身影。她说："一个能够升起月亮的身体，必定驮住了无数次的日落。"后来，在她长期的坚持和努力下，她的诗歌终于被人发掘。成名之后，她真正成为自己人生的掌舵者，既有了经济能力说服丈夫与自己离婚，也有了足够的底气面对未来的生活。

余秀华的人生故事告诉我们，自渡，是我们穷尽一生都要坚持的理念。只有成为自己生活中的摆渡人，才能去到我们自己想要到达的彼岸。

二、渡人是格局

曾看到一则新闻：张桂梅老师被写进了《中华人民共和国简史》。网友们直呼："伟大的女性值得被记录！"作为一名人民教师，张桂梅老师所做的一切，远远超过了她的本职工作，她的精神与格局，犹如星空中的北极星，指引着民族前行的方向。创办女子高中，免费为大山里的女孩提供教育，成为无数大山女孩的"老师妈妈"。即使多种疾病缠身，她依然每天忘我地工作，心里装的全是大山里的孩子。在纪录片《你好，张桂梅》中，她说："能把所有余下的时间用到学校和孩子们身上，能多陪伴一天这些老师，就足够了。"

人生在世，既可以做自己的摆渡人，也可以成为他人的摆渡者。张桂梅是一名摆渡者，她用孱弱的身躯，点燃几千名贫困大山女孩的梦想，无数的孩子因为她而改变了命运，之后又影响和改变了家乡和下一代人。

三、渡人者渡己

盲人打灯的故事我们都听过，照亮他人前行的路，无形之中也会让自己走得更远。作家钱锺书在上海曾经有过一段非常窘迫的时期，日子过得很艰难，几乎无以为继。黄梁声导演知道后，及时为他送去了剧本费，帮助他渡过了难关。多年后，黄梁声女儿的导演生涯陷入了末路，钱锺书在众人的惊诧眼光中把《围城》的剧本授权于她拍摄，帮助她走出了事业低谷。

爱出者爱返，福来者福往。正是由于当初黄梁声在钱锺书艰难时期为他送去一份温暖，帮助他渡过了难关，才使钱锺书也义无反顾地去帮助黄梁声的女儿渡过难关。我常常说做人要有一种"利他"精神。利他精神是修行，也是格局。我们每个人都应该提升自己的能力，让自己获得更好的生活，同时尽量去帮助他人。因为，人都是相互的，你付出，就会有回报；利他，最后也将会利己。

10/27

为什么在舒适圈待久了会害了你

有人说："废掉一个人的最好方式，就是让他永远待在舒适圈。"很久之前看过一个演讲，演讲者比尔讲述了自己的故事。他原来是公司的一名高管，有着丰厚的薪水，生活一直都平平稳稳。但是后来公司裁员，他被炒鱿鱼了。这打乱了他原本有秩序的平稳的生活，他不得不离开舒适圈，去面对竞争激烈的市场，重新找工作。几年过后，他发现自己离开了舒适圈，竟然变得更好了。他总结道：舒适圈会慢慢扼杀一个人的创造力、独立思考能力和行动力。只有在一种让人不舒服的状态下，你才能不断成长。

这让我想起了温水煮青蛙的故事。科学家把一只青蛙放进已经煮沸的开水中，青蛙感到不适而立刻跳出来得以逃生。当科学家把另一只青蛙放进装着冷水的容器中，并慢慢加热，这只青蛙刚开始因水温舒适而怡然自得，后来它感受到水温过高想跳出去时，却心有余而力不足了，最终走向了死亡。

古人云："生于忧患，死于安乐"。舒适的环境像鱼饵，它背后有可能正蕴藏巨大的危机，一旦你上钩上瘾，就会沦为别人的盘中餐。《南方周末》曾经发表过一系列关于新疆濒危野马的报道。在记者多年的跟踪报道中，发现被圈养的野马失去了野性，没有练就搏击自然的本领，一旦脱离了保护着它们的人类的视线，就生死难卜。最终或冻死，或饿死，或死于与其他野兽的战斗之下。

左拉曾经说过："是安逸让你止步不前。"不管是动物还是人类，舒适的环境都容易让人忘记成长与奋斗，最终止步不前，甚至是退步。现实中，也有不少人处在舒适圈里，每天做着千篇一律的事情，很多事情根本不用思考，光靠着长久累积而成的本能反应，就可以把工作上遇到的事情解决了。但是，我们每个人都应该不断发展自己、完善自己。跳出舒适圈，可能会让自己暂时感到不适，但是这种不适，其实是一种成长，是一种不管身处何处都有能力保护自己的方式。

即使身处舒适圈，也不要让自己停止成长。桂林灵川分院的张瑜院长，曾经也一直待在舒适圈，用她的话形容自己就是“丈夫在外优秀，自己在家生锈”。遇见优雅仪态后，她跳出了舒适圈，成功切换了自己的生活方式，生活的主题从单一化转向多元化。虽然经营分院需要重新学习很多东西、接触许多新鲜事物，但是这种对未知世界的探索以及成长的快乐，让她的内心感受到了人生的另一种满足。社会一直在朝前发展，如果安于现状，始终待在舒适圈里，一旦原本的生活秩序被扰乱，就无法有足够的实力面对人生的风浪。

人不应该一直待在舒适圈，让自己的生活止步不前。跳出舒适圈，去成长，去探索，去独立，去强大。

11/15 人，贵在自知、自省、自律

我常常听到有人说自己很迷茫，想提升自己却又不知道该如何做。提升自我，绝不是一件容易的事。但如果一个人做到了自知、自省、自律，那么我想他一定可以提升自己。

一、自知

古希腊哲学家特莱斯有句名言：“人生最困难的事情是认识自己。”认清别人很容易，认清自己却很难。但是如果一个人没有认清自我，那么他就不可能知道自己真正要的是什么，人生的道路该往哪里走。

只有认清自己，才能更好地往前走。汉高祖刘邦是一个能够认清自我的人，从一介布衣到开国皇帝，他的成就离不开对自我清醒的认知。谈及自己为什么能打败项羽，他说："其实我有自知之明。运筹帷幄我不如张良，带兵打仗我不如韩信，治国安邦我不如萧何。我之所以能有今天，全靠大家的鼎力相助。"正是他对自己有着清醒的认知，知道自己的优缺点，才能在与项羽作战的多年里，合理地利用身边每一个人才，帮助自己取得天下。

二、自省

马来西亚有一句俗语：天上的繁星数得清，自己脸上的煤烟却看不见。我们每个人每天都要处理很多事，日积月累，如果不去总结，不去分析，不去反省，就不会有成长。

我们知道，运动员每一次比赛之后，都会观看比赛回放视频，从中把握对方的优势和劣势，也去总结自己以及团队在比赛中的得与失，避免下一次再出现同样的问题。有人说："我们究竟是活了 365 天，还是活了一天，重复了 364 次？"如果我们不自省，日子还是原地踏步，那么人生就是"活一天，重复 364 次"。

因为，无自省，不成长。只有不断地自省，才能带给我们进步。

三、自律

我相信很多人都知道自律的重要性，也有自律的决心，可是往往没有自律的行动，最后一事无成。如果你想提升自我，成为自己心目中的人，自律是必不可少的一条路径。村上春树是我们熟知的一位作家，但是很多人却不知道他背后强大的自律：每天五点起床，前几个小时用来写作和处理重要事务，之后是运动与处理杂事，日暮时分则停止工作，或看书或听音乐，晚上十点之前必须入睡，拒绝一切夜生活，保证最佳作息。他给自己定了一份准则：不说泄气话，不发牢骚，不找借口。每日写作 10 页，每页 400 字，不能少，也不能过多。因为自律的核心不是爆发力，而是耐力。

他说写长篇小说是一项“彻底的个人体力劳动”。为了保持体力，从1982年起，他每天跑步或游泳一小时，坚持至今，也由此创作出了名作《当我谈跑步时，我谈些什么》。

自律是一项需要持之以恒的事，即使在当时看来没什么特别作用，却有“滴水穿石”的巨大力量。人生是一场修行。自知能让我们认识自己，找到自己的定位；自省能让我们少走弯路；自律能让我们在持之以恒中成就自己。

愿我们每个人都能紧握这三把钥匙，去提升我们自己，成为更优秀的人。

11/28 三十三岁，依然可以成为任何想成为的人

嗨，心空间的朋友们，大家晚上好。美好的一天我们又如约相会在兰子心空间。今天是我的生日，在这充满仪式感的日子里，依然想通过文字与声音记录生命中的小美好，并与大家分享。

幸福的感觉从很早以前就开始敲锣打鼓了，昨天达到了高潮。总部的工作团队秘密筹备了两个月的港风派对惊喜，昨晚终于把我“忽悠”成功。那是一份穿越时空的爱的“忽悠”，而我不由自主地沉浸其中。

三十三岁是一个很美妙的年纪，不算太年轻，但也不算老，还可以不断尝试不断“折腾”，如同夏天的植物一样有着蓬勃的生命力。我喜欢这样的年纪，同时我也觉得自己是幸运的，能够在大多数人都认为无比现实的年纪里从事自己喜欢的工作，遵从自己内心的选择，还取得了一点小小的进步，这是非常难得的。当然，这一份幸运的背后，是大家给予我的支持与陪伴。所以，如果要给自己过去的一年一

个关键词的话，我想应该是：感恩。

创业是一趟艰辛的旅程。感恩出现在我生命中的每一个人。谢谢你们始终陪伴在我身边，给我勇气和力量；谢谢你们在我前行的路上为我举起手中的“荧光棒”，让我看到了星辰大海。

感谢我的家人、我的先生，他辞去了外企的高管工作，无条件支持我的事业。

感谢身后默默付出和支持我的院长团队、导师团队和工作团队。是你们，让我无比怀念旧岁，更加期待新岁，也迫切地想看看未来的新世界。

感恩有你们。

有人说女人过了三十，光芒和激情就会被岁月打磨。而我想说，不同的年龄段会带来不同的人生感悟，对我来说每一个阶段都是美好且珍贵的，我喜欢并珍惜每一寸光阴。在三十三岁的大门前，钥匙依然紧握在我手中，我想对自己说：“要加油继续往前走，往开阔、未知、缤纷之地勇敢地走去。”即使生活不会都如我所愿，但我相信，只要一直朝着太阳的方向走，就可以把影子远远地甩在身后。

岁月是一场有去无回的旅行，不管好的坏的都是风景，我祝自己生日快乐。三十三岁，依然可以成为任何想成为的人。

12/2 “我要征服别人眼中的不可能”

我们每个人都有梦想。但是追梦之路往往不会一帆风顺，我们可能会遇到遍地荆棘，也可能会遭到别人的质疑与嘲笑。在梦想面前，每个人都需要有一颗强大的心脏。如果我们因别人的一句质疑或轻视就被狠狠地打倒在地上的话，那我们也将会听到来自梦想的嘲笑声。如果我们轻视这个世界的胡言乱语，发出最坚强的怒吼，以一棵树的姿态，不断往天空的方向生长，去征服别人口中的不可能，这样，我们就能赢得来自风与阳光的礼赞。

平衡木被认为是女子体操最难的项目。它高一米二，宽十厘米，即使运动员平时训练再好，比赛中也极可能因为一个心理变化而出现晃动甚至落木。并且，女子体操运动员的黄金年龄在16—20岁，所以大多数运动员在其运动生涯中只能参加一次奥运会，很少有人能够坚持到第二个奥运周期。邓琳琳是唯一一位获得两届奥运冠军的女子体操运动员。这成功的背后，她征服了太多别人口中的不可能。一开始在国家队里，她是个头最小的那一个，身材娇小，四肢不像其他队员那样纤长，属于非天赋型选手。于是，有人嘲笑她说："像你这样的，不可能练出来。"从那时候开始，她心里就憋了一口气，她要征服别人口中的不可能。

北京奥运会上，她顺利拿下一枚金牌，站上了最高领奖台。后来，她决定参加下一届伦敦奥运会。这在当时很多人看起来也都是不可能做到的事，因为漫长的四年，意味着她会面临身体发育、能力下降、伤病干扰等不利情况。在备战2021年伦敦奥运会的时候，她的腰部又出现了损伤，反复治疗毫无效果后医生建议她打封闭。但是，打完封闭后，身体的机能可能会下降到零，一切都要从零开始。刚打完封闭的她连最基本的转体都完成不了，但那时离伦敦奥运选拔赛只有不到一个月的时间了。当所有人都以为她要放弃的时候，她还是咬着牙关挺了过去。

她从不被看好的非天赋型选手，到北京奥运会稳定发挥，再到克服伤痛拿下伦敦奥运会平衡木冠军，如今她从北大毕业，拿到了双硕士学位。成为全运会的体操裁判……一路走来，她都在征服别人口中的不可能。

在臻尚美，也有无数追梦人，我也见证了许许多多姐妹征服了别人口中的不可能。她们或许没有优越的先天条件，或许不被看好，到后来靠自己的成长与努力成为主持，成为导师，站上了全国各地的舞台发光发亮，然后也让这道光照亮了别人。我们大部分人都是平凡之人，似乎距离梦想很遥远，但是，梦想面前，人人平等。我们都要征服一座又一座山，才能看到最美的风景。

要相信，没有什么不可能，只要你有征服的勇气和毅力。

12/9

人既要向外追求，也要向内生长

我们常说，要做内外兼修的人。事实上很多人只做到了修炼外表，而没有做到修炼内心。仅仅修炼外在而忽视内在，或只修炼内在而忽视外在，都无法成为真正内外兼修的人。如果一个人只有美丽的外表而没有一颗丰盈强大的内心，那就是虚有其表，最终经不住岁月的洗礼。同样，如果一个人只管充盈内心而全然不顾自己的外在形象，那就如同杨澜说的："没有人会透过你邋遢的外表，去发现你优秀的内在。"

美好的外在与优秀的内在二者相辅相成。因此，人既要向外追求也要向内生长，才能成为真正内外兼修的人。吴彦姝是我很喜欢的一位老艺术家。最初我是被她的气质吸引，耄耋之年的她是那么优雅，用网友的话说就是："每一道皱纹都是那么美丽。"即使站在众多年轻的女演员之中，她也不会被她们的美丽压倒，她的美满足了所有女性对老年生活的想象与向往。我们轻轻地走进她的世界便会发现，如此优雅美丽的老奶奶，她的一生都是既向外追求又向内生长。

在父母的教育与熏陶下，她从小就有着很好的言谈举止，永远挺直身板，动作轻缓，说话温柔，对人客客气气，遇事不急不躁。后来踏上了自己热爱的话剧艺术道路，兢兢业业演绎好每一个角色，从一而终直到退休。退休后她依然保持对世界的热爱与探索。从话剧转战影视圈，不图钱只为热爱。保持年轻的心态，既可以悠然享受老年生活，也可以融入年轻人的世界。

在《蓝羽会客厅》的采访中，吴彦姝的形象依然那么美好，一举一动落落大方，谈吐优雅，条理清晰，对事情有自己独到的见解。这么内外兼修的人，岁月对她都束手无策。

对于吴彦姝来说，向外追求让她在耄耋之年还能保持优雅得体的外在形象；对内生长让她不惧怕岁月，有一颗从容强大的内心，乐观又年轻地生活。

由此，我想起了一种叫骆驼刺的沙漠植物。由于生长环境的恶劣，骆驼刺从冒尖的那一刻开始就要不断向下扎根，日复一日，它的根系最终可广达500平方米，深达30米。深深地向下扎根是为了能在沙漠中绽放绿意，而那蓬勃的绿意和盛开在枝头的花朵，也是对深扎于大地的根须的敬意。

骆驼刺的生长就像人内外兼修的旅程。沙漠上面是向外追求的蓬勃的绿色和繁密的花朵；而沙漠下面的根须就像我们修炼的内心，不断向下向内生长，别人看不见，但一定起着非常重要的作用。根系与枝干相辅相成，构成一个完整的生命体，成为沙漠中可爱的一抹抹绿色。

我常和大家说，优雅仪态不仅仅是教会我们一个动作或神态，而是通过外在的修炼重塑内心，提升自信，改变心态，从而带给我们勇敢面对生活的智慧和底气。这其实也是希望大家不光要追求美丽的外在形象，也要不断充盈自己的内心，成为真正内外兼修的人，去获得真正的快乐与幸福。

愿每个人都能拥有美好的外在，也拥有丰盈的内心。

12/16 要想摆脱平庸，先掌握这个“方程式”

人生如考试，我们每个人都是答题者。那么，人生会有方程式吗？有。

在著名企业家稻盛和夫看来，人生与事业成功的“方程式”就是思维方式、热情、能力三要素相乘。其中，能力和热情是 0 到 100 分，思维方式是 -100 分到 +100 分。

他说，假设一个人很有能力，他的能力分值为 90 分，但是他做事没有激情，热情值就只有 20 分，他的得分就是能力与热情相乘，等于 1800 分。如果一个人的工作能力只有 50 分，但他的热情高涨，获得 90 分，那么他的得分就是 4500 分。这也意味着，即使一个人缺乏与生俱来的能力，但勤能补拙，他依然可以凭借工作的热情创造佳绩。

稻盛和夫创业的时候，京瓷是一家小公司，没有名气没有市场，与之对比的是名气大、占有不错市场份额的东芝、日立等企业。优秀的人才往往都更倾向于选择大公司而不是像京瓷这样的小公司。在这种没有大量的优秀人才做支撑的情况下，稻盛和夫鼓励士气消沉的员工们说：“我们在能力上也许比不过他们，但是可以在干劲上不输给他们。”正是心怀向上、向善的信念，并投入饱满的热情，京瓷从一家小小的没有名气的公司渐渐发展起来，成为全球知名企业。

如果一个人既有能力又有激情，那么他的正负值就取决于思维方式。如果思维方式是正向的，最后的得分也是正值，如果思维方式不是正向的，那么他的最终得分就是负值。错误的思维方式，不管如何优秀、如何热情，都只能让一个人在错误的道路上越走越远，甚至走上歧路。譬如那些被封杀的明星，他们中不乏各个领域的佼佼者，能力毋庸置疑，但由于被错误的思维方式引导，丢失了人生底线，走上了违法犯罪的道路，事业和人生都被毁掉了。有了正确的思维方式，人生就会越来越好。

一直以来，我都深深地相信我们的院长团队、导师团队以及市场团队能将优雅仪态传播到千家万户。尽管能力各有不同，但每一次的会议或培训，我在他们身上都看到了极高的热情，如太阳般蕴藏着极大的能量。他们是一群不断学习不断成长，心怀“助力天下女性更美，助力天下家庭更幸福”的使命，富有激情和社会责任感的人。赚钱的事业有很多，而他们选择了一份肩负社会、国家责任的伟大事业。在他们看来，助力女性、助力家庭的幸福比赚到多少钱都要来得更有意义。

正是这样正向思维的驱使，以及和这么一群富有激情、责任感和能力的人同行，我相信未来的臻尚美一定会朝着越来越好的方向发展，成为大家心目中的优秀企业。一支有激情和有正向思维的团队，如春天的森林，万物蓬勃，欣欣向荣，充满希冀。反之，一支没有激情和有着错误思维的团队，如一片了无生机的草原，最终只会走向枯败与荒芜。人亦是如此。一个人如果没有激情，没有正向的思维方式，即使再有能力，最终都会一事无成。

因此，不管是对待生活还是事业，朝着正确的方向走并付诸热情，能力都会被慢慢培养起来，最终也会慢慢靠近美好，成为美好。

12/17 从从容容的人生刚刚好

这是一个严重内卷的时代，也是一个人人都想躺平的时代。一说到躺平，你脑海里是不是立刻就浮现出一个人好吃懒做、浑浑噩噩的消极颓废模样？如果躺平意味着什么都不做，毫无追求毫无波澜毫无斗志，对生活失去了希望，甚至需要依附别人才能活下去，那么我不建议你这样躺平。

在我看来，躺平也是有区别的。一种是对生活的妥协与放弃，如一潭死水无法激荡起澎湃的涛声，精神世界随之也会进入低迷。另一种则是保持心态上的平和，不去羡慕嫉妒他人的生活，有自己的节奏，有清晰的追求目标，并且允许自己在追求目标的赛道上不慌不忙不急不慢不偏不倚，在保持心态平和的前提下激发自己的生命活力。

这种躺平可以理解为另一种奋斗，是为了积蓄能量，也是为了更好的出发。就如一棵树，春天发芽，夏天开花，秋天结果，冬天可以什么都不做。但这不意味着对生命失去了追求，而是在季节的变换中暂时停下来养精蓄锐，为来年的春天做足准备。

有时候暂时停下来慢下来，即使像慢行的乌龟不及兔子跑得飞快，但始终保持着足够的耐力，坚定地认准目标，朝着既定的方向前进。

我想起了演员孙俪。她一年只接一部戏，相对于其他一年三百六十五天都待在剧组拍戏的演员来说，无异于躺平。她却说“不慌不忙的人生刚刚好”。在不拍戏的空隙时间，她的躺平方式是陪伴孩子、写书法、练瑜伽，去不同的地方旅行见识不同的人生；有时也会认认真真地看剧本，随性地看一些优秀的作品，总结出来提升自己的演技。

不去羡慕谁，也不必为了流量争个头破血流，保持平和宁静的心态——躺平让她既有更多独立思考的空间，又能在自己的节奏里保持对生活的掌控权，可以随时出发，也可以不慌不忙地暂时停下来。

来到臻尚美走进优雅仪态课堂，抛开繁琐的日常，放下工作和家庭的事投入一段学习，在别人看来这也是一种躺平。这种躺平是为了给自己赋能，让自己的生命状态更丰盈，这是创造更美好的生活的前奏。

如果你想要躺平，那我建议你保持平和的心态，不羡慕不抱怨，在自己的节奏里坚定地朝着理想之地迈进。

12/18 懂得借力的人生更轻松

你是否有过这样的经历：感觉自己永远有做不完的事，常常处于身心疲惫的状态？如果你也曾这样，原因之一很可能是你不懂得借力。不懂借力，就是不懂给人生做减法。看似做了许多事，实则是在浪费时间和精力。最终既累了自己，事情也没达到预期。

刘备永安托孤后，诸葛亮作为顾命大臣辅佐刘禅。无论大事小事他都亲力亲为，就连打二十军棍以上的惩罚措施都要亲自盯着，有时候甚至自己亲自上去打。诸葛亮很忙也很尽心尽责，像永不停休的链条一直在转动。可事情无休无止永远没有尽头，最终导致劳累过度，拉垮了他的身体。每个人都有局限性，不可能做到事无巨细。如果把什么事都包揽在一个人身上，将会消耗大量的时间和精力，导致那些可能更重要的事情得不到充分重视。

就如最近的王力宏与李靓蕾离婚事件给我们的启示。如果一位妈妈放弃工作牺牲自我去陪伴孩子成长，久而久之将自己置于被动的位置，随之而来的可能会是无尽的抱怨与大大小小的家庭矛盾。但是如果我们懂得借力，选择一份既可以让自己开心又能实现自我价值的工作，继而用这份工作的收入雇佣保姆，那么我想很多女性在婚姻里就不会处于被动的局面，也能让自己拥有更多的选择权利。

阿基米德说："给我一根杠杆，我能撬动整个地球。"这虽然是用夸张的方式说明了杠杆原理，却也从侧面说明了有些我们做不到的事，只要学会借用外力，也许就会有不一样的结果。譬如，有人喜欢通过自己的不断摸索获得一些经验，哪怕摔了许多跟头；而有的人善于向外学习，借助聪明人、过来人的经验快速行动，有效地避免了一些不必要的麻烦，把不懂借力的人远远地甩在了身后。

没有完美的个人，只有完美的团队。学会借力，让专业的人各司其职发挥自己的长处，形成完美的配合，不仅节省时间与精力，而且让人可以抽身出来，做更重要或喜欢的事。古人云："君子生非异也，善假于物也。"借力就是能巧干的时候，就不要蛮干。

我们每个人都应该有借力思维。借力，不是完全依靠别人或指望别人帮助你完成某件事，也不是直接窃取别人的劳动果实占为己有，而是结合自身的实际情况，借用他人的时间、精力、智慧等，节省自己的时间与精力，让自己少走弯路。

我们熟知很多企业如苹果、耐克等，都没有属于自己的工厂。他们通常只掌握核心技术，然后整合全球的资源，让别人代替他们生产产品，最后贴上自己的标签。他们善于借助别人的力，将建造工厂、生产加工、管理员工的时间用于研发技术，为自己节省时间、成本和精力，让自己更专注于创造更高的效益。借力是为自己不断增加砝码，让我们减少不必要的损耗，有更多时间和精力放在重要与喜欢的事情上，得到更多收获。

愿每个人都会借力用力，让自己更轻松、高效地做好一件事。

12/25 与自己较真，逼自己卓越

我们总说，凡事不要太较真。但是，较真分为两种：和别人较真，与自己较真。

我们可以不和别人较真，但是可以与自己较真。与自己较真，并不是要苛刻对待自己或对每一件事都钻牛角尖，而是严于律己，对自己认真，对事物观察仔细，喜欢学习，愿意改变错误的观点。

曾国藩就是一个喜欢和自己“较真”的人。在他的日记中，我们可以看到“自我反省”就是主题之一。有一次他抱怨一位友人对他的态度冷淡，为此还愤愤不平。他的弟弟在抄录他的日记时点评道：“兄之面色，每予人以难堪。”弟弟的提醒让他意识到自己的错误，原来自己在抱怨别人的同时也犯着同样的错误。自此，他决心改正这一缺点。

换成其他人在遇到别人指出自己性格上的缺陷时，可能会生气地说：“我就是这脾气怎么啦？”可是曾国藩不一样，他与自己较真，不断完善自己，改正不完美

的地方，让自己成为更优秀的人。

较真有时候也是成长的催化剂，可以消除那些让我们不那么完美的东西，继而让我们成为更好的自己。

我们应该与自己较真，不轻易言败，尽自己最大努力将事情做到尽善尽美，直到站在梦想的高台。三十三岁的巩立姣训练了二十一载，东京奥运会是她参加的第四届奥运会，也是她第一次拿到金牌的奥运会。这来之不易的荣光背后，其实藏着她与自己较真的态度。在此之前，与她同龄同项目的很多选手都已经退役了，而她还在与自己较真着、坚持着。她说自己的梦想还没实现，不能半路就返航。除此之外，她还要让更多人关注铅球这个冷门运动项目，让铅球“热”起来，走进大家的视野。2016 年里约奥运的成绩不理想对她的打击很大，也有人从身体和年龄角度劝她退役，但她凭着心中和自己较真的那股劲，从未言弃。

她与自己较真，与自己热爱的项目较真，与梦想中的最高领奖台较真，她相信自己一定会站上去，不辜负团队与自己的辛苦付出，向世界展示中国力量。如今，她都做到了。

有时候，我也会与自己较真。不管多累多苦一定要“今日事今日毕”，因为我知道自己一旦松懈就会形成坏习惯，久而久之就导致不可控制了。

这就是我与自己较真的劲儿。即使做不到完美，但也不想让“差不多”“算了吧”成为自己人生的主题。

但是，较真也要把握好一个度，凡事过犹不及。如果与自己较真过度，就会适得其反。譬如，管理身材的时候，长期不吃饭导致不健康的饮食，从而损害身体，得不偿失；失败的时候深陷纠结与失意之中，却不去总结、反省自己，从此沉沦下去。

因此，要与自己较真，但不要过度。只有这样，才不会矫枉过正，才能恰到好处地成为更好的自己。

三、生命维度

1/11 信念不同，人生就不同

马丁·路德·金说：“这个世界上，没有人能够使你倒下，如果你自己的信念还站立着的话。”有人觉得自己不值得被爱，在这旋涡里自我挣扎，一直在内耗。我的信念很坚定，它一直推着我勇敢前行。

有时候我觉得一个人所表达出来的情绪，其实也受心中的信念影响。月初去海南参加论坛的时候，因为疫情，到了机场才被告知居住在佛山地区的人员要出示两次 48 小时核酸检测报告才能登机。而我只有一次核酸检测报告，只好退票返回去加做一次核酸检测。第二天，从广州坐飞机到海口，又从海口转车到举办论坛的酒店。不管过程如何，我一定要抵达目的地参加论坛。在这样的信念指导下，不管怎么周折，我都能淡定从容，不烦不燥。

有些人在面对这样的情况时，可能会极度烦躁，导致整个路途变得周折，又影响心情。在不可控的情况下，要积极乐观面对困境。信念不同，人生就不同。

电影《亲爱的》的主人公原型孙海洋找回被拐 14 年的儿子的后续，一直被网友们关注着。他找回儿子的信念以及这些年的付出，感动着大家。别人为了给他做心理疏导，让他背着一个成年人行走，以此试图劝说他放下心中寻找儿子的执念，才能过好当下的生活。而他无论如何都不肯放下，一直背着那个人走了一个半小时……这也只是他 14 年寻找儿子的千千万万个故事中的其中之一，但足以说明他心中的信念是多么的强大。

洛克菲勒在留给儿子的三十八封信中写道："坦率地说，当我感觉到人世间因贫穷而疾苦的时候，就萌发了一个信念：我应该是个富翁，我没有权利当穷人。随着时间的推移，这个信念变得犹如钢铁般坚硬。"

信念所至。当你心中的信念足够坚定，不管拐几个弯，梦想都会成为现实。

我常常会想，我走到今天，除了热爱还有我心中坚定的信念，它一直支撑着我勇往直前。

3/26 放低自己，放空自己，放过自己

有一位教授在课堂上和学生们现身说法讲了这么一个故事：一杯水拿在手上持续一分钟什么事都没有，但是如果持续一个小时，手肯定会觉得酸痛，很难坚持下去。那怎么办呢？放下。

一个"放"字说的是杯子，其实也是人生。人生匆匆，日不暇给，最好的修行就是懂得放低自己，放空自己，放过自己。

一、放低自己

有这样一个故事：狮子是森林之王，其他动物都因害怕而对它顶礼膜拜。有一天它走在森林里，遇见了刺猬，可是刺猬并没有像其他动物退避三分。狮子生气极了，傲慢地对刺猬说：“你快点敬拜我吧，否则有你好看的。”刺猬一动不动，丝毫不理会它。狮子更生气了：“你这个小小的东西竟然无视我，我非得让你知道我的厉害。”于是，张开嘴巴就去咬刺猬。结果刺猬平安无事，狮子却受伤了。这个故事告诉我们，一个高估了自己能力和位置的人，容易被自己的认知所局限和伤害。在这个世界上，每个人都有自己的长处，比我们厉害的人比比皆是，唯有放低自己，才能打开自己的世界，不断进步。放低自己不是要贬低自己，而是要以亲和、平等的态度与人交往，这样更有利于处理好人与人之间的关系，为自己争取更多机遇。

二、放空自己

人要懂得定期放空自己，否则心里装着很多事，是无法轻松前行的。我们的心就像储物罐，如果一直投东西进去，而不懂得定期清理，储物罐就会变得满满当当没有缝隙，当你想再装一点东西进去的时候，都再也塞不进去了。放空自己不是什么都舍弃，而是定期与自己的心交流，倾听内心，知道自己真正想要的是什么。把一些不重要的事情，及时清理掉，把困扰自己已久的事，付诸行动去寻得一个答案。

听过《兰子心课程》的姐妹们应该都知道，与自己和解，对人的前行来说有多么重要。放空自己是一个断舍离的过程。不被外界干扰，深入内心，去除不好的，留下好的，让自己的心声更加清脆、响亮，让自己的脚步更加轻松、从容。

三、放过自己

周国平说人有三次成长，一是发现自己不是世界中心的时候，二是发现自己再怎么努力也无能为力的时候，三是接受自己的平凡再去享受平凡的时候。

人活在世上，极少人能活成世界的中心，有很多东西都是得不到的，小时候或许是一个漂亮的洋娃娃，读书的时候或许是一张漂亮的学历，长大后可能是一个爱而不得的人。对于那些已成定数、注定不能再改变的事情，不用再苦苦纠结，放下就是放过自己。

放过自己，才能遇见另一个更好的自己。不放过自己的人，对于过去的事无法释怀，又不能拥抱新事物，结局就是得不偿失。

人生短暂，要懂得放低自己，放空自己，放过自己，才会活得更加快乐和有意义。

3/30 不管生活何时才能变好，都要先把自己变得更好

在英国威斯敏斯特教堂的地下室里有一块墓碑，上面写了这样一段话：“在我年轻的时候，曾梦想改变这个世界。可当我成熟以后，我发现我不能改变这个世界。于是，我将目光缩短一些，那就只改变我的国家吧。可当我到了暮年的时候，我发现我根本没有能力改变我的国家。于是，我的最后愿望仅仅是改变我的家庭，而这也是不可能的。当我躺在床上行将就木的时候，我突然意识到，如果当初我仅仅是从改变自己开始，也许我就能改变我的家庭，在家人的帮助和鼓励下，也许我就能为我的国家做一点事情；然后谁知道呢，说不定我能改变这个世界。”

小时候，或许我们每个人都做过改变世界的梦，然而随着年龄的不断增长会发现，改变世界是不可能的事，生活也远比我们想象的糟糕。于是，我们的愿望变小了，希望生活能变好一点，自己也过得好一点。可是，生活不会说话，它的好坏有太多不确定、不可控的因素，我们能做的只有把自己变好。

把自己变好，才能拥抱理想，拥抱美好的生活。所以，不管生活何时才能变好，都要先把自己变得更好。至于其他的一切，或许都会在此基础上衍生。

那么，如何让自己变得更好呢？如果把生活比作一个大鱼塘，那么我们都是里面的一条鱼。我们很难决定鱼塘的水是否充盈、是否清澈，但是可以努力摆动尾巴。自律、行动、学习、停止内耗等等都是变好的开始。先说自律。走上坡路的人都有一个共同点：自律。自律意味着一个人可以掌控自己的生活节奏并努力实现自己的愿望。即使生活乱成一团麻线，只要自律，就可以慢慢地把麻线团理顺，然后再编织成一枚漂亮的结。

行动是一切变好的开始。生活是一个头脑清醒的人，他不青睐那些“空有理想而不行动”的人，也不辜负那些“为了梦想拼尽全力”的人。路是一步步走出来的，美好的生活也是。放弃幻想，开始行动，你的人生就会在行动中变得绚丽多彩。

学习的过程是不断为自己储存能量的过程，也是为自己不断注入智慧的因子的过程。在《奇葩说》的舞台上黄执中说：“世界有好多事情不是能及时得到回报的，不是我扔了硬币，现在就会掉下来。”学习也是如此，不会学完马上见效，但是如果人生没有“厚积”，怎么可能有“薄发”呢？所有的美好都是在一千次、一万次的累积后悄然而至的。一个人想要变得优秀，永远离不开“学习”二字。

停止内耗。内耗是一件很可怕的事情。我们每个人的心里都有一座房子，我们可以住在里面，但不要被困在里面。永远不要被恐惧、烦恼等负面情绪所左右，永无止息地内耗。停止内耗，走出心里的房子，才能看到街巷的热闹与繁华。

如果自己变好了，你会发现生活的阳光如约而至，日子也终将灿烂明媚。

4/12 心宽，病自退；少虑，事自顺；多笑，人年轻

生活中，你有没有遇到过这样的情况：

当你带着悲观的心态处理问题的时候，问题会变得比原本还复杂和困难；反之以乐观的心态处理问题的时候，问题似乎会变得更简单容易？

心态对一个人来说真的至关重要。因为，有时候，心宽，病自退；少虑，事自顺；多笑，人年轻。

一、心宽，病自退

最近有一位导师私信我，问甲状腺结节如何消除。我并不是医生，可是在从事优雅仪态行业之前，我也是一名甲状腺疾病患者。曾经医生建议我终身服用药物，且告诉我生的孩子也会有畸形的可能。如今，我已一切正常。这关键在于我心态的改变，以前常常多愁善感，心里装一点事就闷闷不乐；学习优雅仪态之后，心态有了改变，身体状况也跟着发生了改变。

并不是说所有的病痛都不用去医院，而是有一些病痛可以靠心态缓解。众所周知，甲状腺功能的好坏跟人的情绪有很大关系。优雅仪态的作用在于帮助人们打开内心，调节情绪，通过运动，让身体激素慢慢平衡。心宽了，能包容和承载的事物自然就多了，这样就不会一遇到不开心的事就生气或闷闷不乐。

当你的情绪稳定了，那些困扰你的病痛也许就会默默远离你。

二、少虑，事自顺

如果做什么事都瞻前顾后，恐怕最后将一事无成。有些想做的事其实并不难，而是你想得太多，给自己设置了太多条条框框，把自己困住，最后使简单的事情复杂化，容易的事情困难化。反过来说，有些事情原本比较困难和复杂，但你没有瞻前顾后而是果断行动，结果反而出乎意料地顺畅。纪伯伦说："如果有一天，你不再寻找爱情，只是去爱；你不再渴望成功，只是去做；你不再追求空泛的成长，只是开始修养自己的性情，你的人生，才真正地开始。"

大巧在所不为，大智在所不虑。想得多不如做得多，事情不会因为你不断地想就能解决，更多在于你不断的行动才能得到真正的解决。

三、多笑，人年轻

我们常常说："笑一笑，十年少。"爱笑不会让一个人真的拥有返老还童的魔力，却可以让一个人的精神面貌和生命状态看起来更轻盈和有活力。爱笑的人像清晨的植物，清新又蓬勃向上，充满生机；愁容满面的人则像被烈日暴晒了一天而耷拉的植物，憔悴且没有生机。

现实生活中，我们也见过许多实际年龄同长相不符的人，有的人年纪不大却整天愁容满面，看起来比实际年龄老；有的人却因为爱笑和乐观，看起来比实际年龄小。爱笑的背后，隐藏的是一个人乐观的心态。心态的乐观，比许多美容产品、整容技术效果更佳，因为美容和整容是使人的外表短暂保持年轻，而乐观的心态却能使一个人从生理上保持年轻。生活的困境不会自动消失，却会因为心态的改变而改变。把心态放轻松，很多问题就会迎刃而解。

所以，余生，心宽一些，少虑一些，多笑一些，你的人生就会更幸福。

4/13 热爱生活，生活才会给你惊喜

最近看了一部根据加拿大民间艺术家莫娣的真实故事改编的电影。莫娣是一个生来有缺陷、患有少年类风湿性关节炎的女人，走起路来一摇一晃。她寄人篱下，加上身体的残疾，受尽世人的冷眼与嘲笑，就连哥哥和姨妈也视她为累赘。

为了证明自己，她主动去应聘女佣的工作。雇主埃弗雷特是一位从小在孤儿院长大，有着暴躁脾气的没文化的粗糙男人。尽管生活清苦，莫娣也从未丧失对生命和生活的热爱，内心依旧相信美好，向往美好。她用双眼捕捉生活的美好，在雇主家房子的墙壁上、窗户上、木板上画下五彩斑斓的画，装饰简陋的房子，点亮暗淡的生活。

或许是日久生情，或许是莫娣那颗纯净温暖又无比热爱生活的心，渐渐融化了暴躁又粗糙的埃弗雷特，他们相爱地生活在一起。后来，莫娣笔下明亮而灵动的画被越多越多人喜爱。她不仅用画画证明了自己的价值，也让生活越来越好。就连曾经嫌弃她的姨妈也在临终前说，有着身体缺陷的莫娣反而是他们家族最幸福的人。

莫娣热爱生活，并且实现了自我价值，连同美好的爱情，都是生活给予她的回报。

在她身上我们看到，热爱生活的人，不管境遇如何，眼里都装着星辰和大海，而非满地鸡毛和对世界满满的恶意。当一个人对生活充满热爱，生活也会给他惊喜。

看电影的时候，我的脑海里想到了同样身患残疾、摇摇晃晃走在人世间的余秀华，也想到了身边那些即使命运坎坷却依旧热爱生活的人。比如，天后班学员彭红嘹亮而动听的歌声至今还在我耳边响起。小时候因高烧而导致小儿麻痹后遗症，彭红因此失去了行走的能力，终身与轮椅为伴。但是，她却并没有为此放弃自己，放弃生活。她做过护肤品销售，并且做到了团队冠军；参加马拉松比赛，拿下奖牌；参与公益

事业，被评为郑州市二七区自强模范……从郑州到广州，一千多公里的路程，为了追求心中的理想与梦想，她来到臻尚美的课堂，坚持进行别人看起来不太可能的形体训练……每次说起她，大家总不忘夸赞她爱笑、乐观。我相信，如此热爱生活的人，一定收获了不少生活的惊喜。

生活是一个爱憎分明的人。热爱生活的人，生活报之以精美的“礼物”；抱怨生活的人，生活也不会给予他所期待的东西。我们在和平的年代快乐平安地长大，这已是生活对我们的善待，我们应该感恩并更加热爱生活才是。

去热爱生活吧！不要让热爱的火苗熄灭，因为，热爱能冲淡生活的疲倦和烦躁，给人带来充实感和幸福感，让你拥抱更多的可能和美好。

4/18 这三种自我状态，你处于哪一种

最近看了一本书叫《蛤蟆先生去看心理医生》。蛤蟆先生是一个出身在富贵家族的人，尽管家族光辉不如从前，但他依旧住在豪华庄园里，不用工作也能依靠家族留下的财富过上衣食无忧的生活。可是，他却患上了抑郁症，对任何事都提不起兴趣，每天被失眠、悲伤和低落的情绪所包围。终于，在朋友的劝说下，他决定去看心理医生。在与心理医生的十次谈话过程中，他逐渐明白了每个人都有的三种状态和四个人生坐标。

认识人生的三种状态，有助于认识自己、接纳自己、改变自己。这三种状态是：儿童自我状态，父母自我状态，成人自我状态。

书中指出，人只有在成人自我状态，才会获得真正意义上的独立，才能成为真正的自我。

一、儿童自我状态

当一个人处于儿童自我状态时，他容易表现出像儿童身上与生俱来的情绪，如：愤怒、悲伤、恐惧等，或表现出强烈的顺从行为，如同意、取悦、道歉、依赖等。这时候，即使他的生理年龄在成长，心理年龄仍停留在儿童时期。处理事情的时候，总是下意识用童年时的习惯做出反应，表现出像孩子一样的感受和行为。

感觉自己似乎是长大了，又好像没有真正长大。看似往前走了很远的路，做了很多事，实际上一直在循环过去的情绪和行为，而没有任何成长。

二、父母自我状态

处在父母自我状态的人，其实是活成了“像父母那样的人”。他们的处世风格会有父母的影子，言行体现出的是父母的是非观和价值观；在情绪上容易表现出愤怒、严厉等，在行为上不是在挑剔别人就是在挑剔自己。

蛤蟆先生的祖父是一个严厉的人，喜欢批判和挑剔别人。蛤蟆先生的父亲在其影响下也活成了“一个像父母那样的人”，并延续用在了蛤蟆先生的身上，常常批判和挑刺蛤蟆先生，甚至想让蛤蟆先生按照他的意愿过完一生。

蛤蟆先生的母亲在丈夫的威严下，也常常隐匿自己对儿子的爱。即使心里爱着儿子，也不敢夸奖和拥抱他，尽管蛤蟆先生非常需要他们的爱与关怀。蛤蟆先生看到父亲时甚至会形成一种膝跳反应，心里充满恐惧。因此在面对和父亲性格极其相似的獾时，也会有一种天然的恐惧。

三、成人自我状态

成长的本质就是不断冲破对别人的依赖，逐渐地真正成为自己，用理性而不是情绪化的方式行事。达到这种状态并非要压抑我们的情感，而是能与自己的内心达到一种和谐友好的境界。在理性与感性之间找到平衡点，并不会让天平向哪一边倾斜，而是合理地计划、考虑、决定、行动。

只有在成人自我状态下，才能不被过去的自己困扰，也不会像父母那样挑剔别人或自己，从而不断获得新知识，不断成长。

这三种状态，你目前正处于哪一种呢？愿每个人都能成为自己。

4/22 热爱并坚持，好运自然会降临在你身上

今天，你做刘畊宏女孩了吗？新冠肺炎疫情期间，在上海居家隔离的刘畊宏，和妻子在网络上直播健身燃脂操，没想到火得“一塌糊涂”！其实很早之前，刘畊宏也尝试过别的直播，但观看的人数不是很多，也没有溅起什么水花。

有人说，他太好运了。但是，我认为他的爆红也绝非偶然。刘畊宏已经五十多岁了，这通常是一个男性身材发福的年纪，但是他却能保持健硕的体态，没有丝毫中年男子发福的迹象。经过网友“考古”发现，刘畊宏坚持健身已经超过三十年了，其间上过许多健身节目，还做过许多明星的专业教练。他热爱健身，也始终保持着自己的身材。

刘畊宏曾经说过，健身给他带来了太多东西，家庭、事业、人际关系，包括各种运动的爱好和创造力。这一次的爆红，也是坚持健身带来的“好运气”。热爱并坚持一件事，好运自然会降临在你身上。试想，若是没有坚持多年健身，始终保持好身材，那么爆红的好运还会来到他身边吗？健美身材的背后是一个人的自律，你的身材有多好，你就有多自律，你有多自律，好运就有多偏爱你。

这种偏爱，不是像刘畊宏一样火遍全网，而是除了让你拥有健康的体态和独特的气质外，还可能悄悄地改变你的生活。

最近在臻尚美视频号直播的淑慈老师，你能想到她以前是一位身材臃肿的全职

太太吗？曾经的她也为自己的身材忧愁，来到臻尚美后通过形体练习，三个月瘦身52斤，不管是从体态还是气质上都令人刮目相看。摇身一变，她也从全职太太晋升为优雅仪态形体导师。

在如今全民直播的时代，因为身材带来的自信，她也大胆尝试直播，挖掘自己的更多可能性，在屏幕前自信地展示着自己的专业，为更多女性撒播健康美丽的种子。这是坚持做一件事带来的改变与自信，而好运恰恰会在你在坚持中悄然而至，给你一个惊喜。一个人的能力往往很难在短时间内完全展示出来，但是一个人的身材和气质是别人一眼就能看出来的。当一个人在人群中足够吸引人，那么机会就会多偏爱他一些。

好运和坚持是一个双向奔赴的过程。好运不会从天而降，只有你去寻找它，而它感受到了你的坚持与诚意的时候，才会以不同的方式降临在你身边。所以，别让各种借口荒废了你的人生。无论做什么事，请记住：坚持下去，一定会有好运。

4/25 你的人生坐标在哪？

我们曾推送过一篇题目叫《这三种自我状态，你正处于哪一种？》的文章，其中说到人生的三种状态，有助于我们认识自己，接纳自己，改变自己。而在《蛤蟆先生去看心理医生》这本书中还说到与这三种状态相对应的四个人生坐标。

第一坐标：我好，你好。第二坐标：我好，你不好。第三坐标：我不好，你不好。第四坐标：我不好，你好。人生坐标代表了一个人的行为态度。让我们带着人生坐标，一起思考自己的人生，探寻更好的自己。

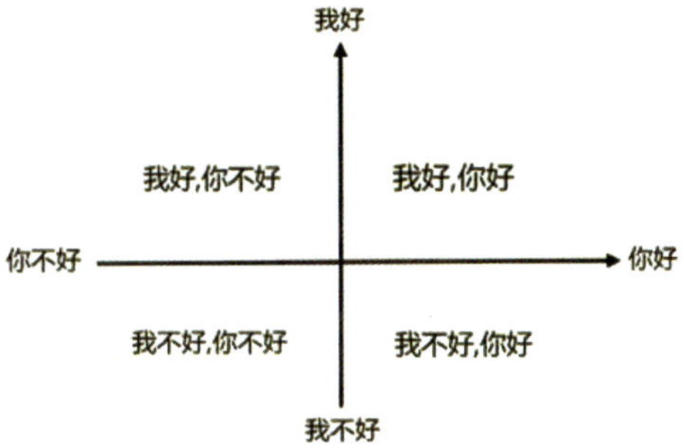

第一坐标：我好，你好。这并非静止状态，而是一个动态的过程。与之对应的是我们之前提到的人生的三种状态中的“成人自我状态”。处在这一坐标的人，能与自己、与他人和谐相处。肯定自己也肯定别人，善待自己也善待别人。

当然，要做到这一点，需要很强的发自内心的信念，才能使这种美好与平衡不被打破。如果做到这一点，他的人际关系会相对长久和平稳，更容易获得爱与尊重、快乐和幸福。若是遇到困难，这一坐标的人，也能控制自己的情绪，用理性的成熟的方式去面对困难和解决问题，而非抱怨和指责他人。

第二坐标：我好，你不好。这是自我感觉良好，总是觉得自己比别人好的那一类人。处于这一坐标的人往往会占据权力或权威的制高点，喜欢以自己价值体系里的标准对别人评头论足。与之对应的是“父母自我状态”。

这类人容易给人造成压迫感。如果一个人长期在这种压迫感下成长，慢慢地会变得不自信，怀疑自己的价值。如果您作为父母，长期处于这一坐标，那么培养出来的孩子容易失去自信；如果作为伴侣，那么另一半则会感到压抑。

其实，我们要知道每个人都有局限性，包括自身。所以，不要高估自己，也不要贬低自己，更不要随便去定义别人。如果以一颗尊重和平等的心看待周围的人和事，将会获得更快乐的人际关系。

第三坐标：你好，我不好。处于这个坐标的人，经常觉得自己很差劲，往往也会因为这种强烈的“自我感受”而错失很多机会。与之对应的是“儿童自我状态”。

处在这一坐标的人，总是对别人很宽容，对自己很苛刻。譬如，面对某一件事，经常会暗示自己“我不行”；即使自己很优秀，也依然自卑，甚至觉得自己不值得被爱。这时候，我们要做的是接纳自己，认可自己，真实地面对自己的内心，而不是选择逃避。

就像一棵小草接受自己的渺小但不否认自己作为一棵小草的价值。绝不会因为自己的渺小就否认自己存在的意义，更不会觉得自己不配拥有获得清风和阳光的资格。

第四坐标：你不好，我也不好。这一种状态书中没有做过多解释，但在我看来，这是一种极端的悲观主义者。这个世界简单又复杂，美好又丑陋，单一又多元……但是处在这一坐标的人，往往只看到了世界和人性丑陋的一面，忽略了其美好的一面。他们不相信自己，也不相信别人。这一坐标的人，在人际关系里充满了猜疑与危险。

这四个人生坐标，你目前处在哪个坐标呢？

愿每个人都能看清自己目前所处的人生坐标，清晰地认识自己，不断修正自己，成为更好的自己。

5/5 落寞时尊重自己，成功时尊重他人

人生在世，浮浮沉沉。怎么样才是我们行走于人世间的最好状态？我想大概就是，在一无成就的时候要抬头挺胸，反而在有所成就的时候要谦卑做人。一个人在没有什么成就的时候，可能会有很多人看不起你，认为你没有价值。越是在这个时候，你越是要尊重自己，相信自己。不要为了一时的失意或暂时没有成就就放弃自己。

王丽萍被称为史上最令人心疼的奥运冠军。在2000年悉尼奥运会前，王丽萍并不在正选名单中，她需要参加选拔赛才有机会获得参加奥运会的资格。尽管后来三

次选拔赛中她都拿下了第一的好成绩，如愿地来到了梦寐以求的奥运会赛场，可是她依旧不是被看好的那一个。

正因为不被看好，奥运会比赛期间，当比她更优秀的中国选手因收到三张红牌被判罚退赛后，中国田径队负责竞走项目的教练和助理都认为她没有办法超越其他选手拿下冠军，未等比赛结束就离开了赛场。后来，王丽萍出人意料地拿下了冠军。赛场的终点无人等候，她没有等来身披国旗的那一刻。一路走来，尽管王丽萍不被看好，过去也没有傲人的成绩，但她从未看轻自己，放弃自己。在奥运会赛场走到终点，拿下了中国代表团在悉尼奥运会上的唯一一枚田径金牌。

人生是长跑，就算暂时落后也不要停止奔跑。没有鲜花和掌声的时候，更是要默默努力放光。光不向你走来，你也要抬头挺胸朝着光的方向走去！因为人生的终点很长，不要为观众席的沉默或轻视就半路返航，尊重自己，相信自己，不断奔跑，才能如愿走到终点。人生起起伏伏，如果你是已经站在了山顶上的人，千万不要看不起那些还在山底或正在爬山的人。人不可能一辈子都在山顶上，总会有下山的时候；人也不可能一辈子都在山底，总会有到达山顶的时候。站得越高，越懂得尊重人。正如饱满的稻穗总是谦卑地低着头，只有空瘪的稻穗才会高傲地仰起头。

国学大师季羡林有一件趣事。有一年开学，一位新生扛着大包小包的行李，正当气喘吁吁又晕头转向的时候，看见了一位老人。新生误以为老人是保安，就请求他帮忙照看行李，而他一去就是大半天。回来的时候，发现老人依然留在原地顶着烈日帮他照看着行李。在第二天的新生典礼上，才知道那天穿着朴素、谦卑有礼、帮自己照看行李的老人，正是国学大师季羡林，他顿时心生敬佩。如此有成就的人，被人误以为是保安也没有戳穿对方，顶着烈日帮助素不相识的人照看行李。

落寞的时候要尊重自己，越是无人看好，越是要相信自己能行；成功的时候要尊重他人，因为没有人可以永远成功，尊重他人就是尊重自己的局限性。

抬头寻找属于自己的天空，低头看清自己脚下的路。

5/6 人生在于一个“放”字

你的生命“升级软件”过吗？我们知道，电子产品经常需要升级，其实人也一样。过去的知识体系、思维模式可能已经不适用于今天的时代发展，如果不及时更新我们的知识体系、思维模式等，就像拿着旧地图去寻找新目标，那很可能会迷失，会走投无路。

那么，生命升级的前提是什么呢？我想，重点在于一个“放”字。生命升级的六大前提是：放下，放开，放松，放手，放心，放空。

1. 放下。如果你拿着一杯装着开水的玻璃杯，毫无疑问手会被烫伤，你只有及时放下，才可避免伤害。人生也是如此。我们的生命中充满痛楚、悲伤和心碎，放下的过程就是与这些生命中已经不可改变的事实慢慢和解的过程。人的精力是有限的，只有放下生命中不美好的东西，才有精力去拥抱更多美好的事物。

2. 放开。我们都知道，抓一把沙子在手上，你越是握紧，沙子就流失得越快；当你放开双手，沙子反而不会全都流失。人生就像手握沙子，不要让无形的绳索捆绑你的生命，使你沉睡。放开自己，让生命苏醒。正如我们握紧拳头的世界只有一只手的大小，如果打开，你的世界就是天地一般广阔。教育孩子也是如此，有时候管孩子越多越严格，孩子越叛逆。所以，放开自己，对自己、对别人或许都好一些。

3. 放松。这个时代，似乎每个人都活在无尽的焦虑里。焦虑什么时候才能买得起车子和房子，孩子要读哪个学校，自己的未来又该怎么办……这种对未来的遥想以及因欲望而产生的焦虑就像大山一样压在我们的背上，让每个人都喘不过气来。其实，遥想、欲望、追求等这些都没有对错。但是，如果这些东西让你像紧绷着的弦，随时都有可能要断掉，那你就要学会给自己放松一下了。这样，人生才能更放松，前进的步伐才能更轻盈。活在当下，享受当下。不要被欲望绑架而失去更多欲望以外的美好。

4. 放手。对于不是你的东西，要懂得放手。对孩子，对不爱你的人，都要放手。这个世界上，除了你自己之外，其他任何人都不是你的，他们都只属于自己。千万不要以爱的名义，给他们建造起一间囚牢。有些东西、有些人，得与失只在一念之间。不放手反而会越走越远；放手了，反而会离你越来越近。

5. 放心。生活中，会有这样一类人，明明什么事都没有，但是由于自己太敏感太犹豫，总是顾虑很多，假设很多种结果，最后被缠绕在自己编织的网里苦苦挣扎。不如心大一些，对别人放心，对自己也放心。不过分解读别人，也不悬挂着自己的心。因为只有心落地，人才有安全感。停止内耗，让心更安定，让情绪更稳定。

6. 放空。放空并不是一无所有，而是海纳百川。我们都说，人要有空杯心态。如果想让自己得到更多，成长更快，首先要让自己成为一只“空着的杯子”，像李小龙说的那样：“清空你的杯子，方能再行注满，空无以求全。”对于过去的荣耀、过去的失败，都要看淡，否则会被困在过去的荣耀或失败里而忘了未来的路。把自己“清空”，才能装进去更多东西。

放空是另一种意义上的满。

5/9 学会过滤身边的声音，才能更好地生活

这个世界充满声音，有好的，也有不好的。我们不能一直捂住双耳不去听那些声音，也不能堵上别人的嘴，那就学会过滤声音。只有这样，才能更好地生活。

苑子豪是一个身上有着“北大学子、青年作家、演员”等众多标签的年轻人。

作为一个公众人物，他像一个摆在橱窗的商品，被展示、被评价。好的坏的声音，像潮水般向他涌来。有一段时间，他像溺水者挣扎在潮水里面，想被所有人认可，想得到完美的评价。后来，他发现真正使他不断往潮水里沉的其实不是别人的声音，而是不懂得过滤别人声音的自己。因为，没有人是完美的，也不是每个人对他的评价都是正确的。别人对他的评价都是建立在他们所持有的价值观和知识体系上。

可以听别人的声音，但是对于一些不了解我们的人发出的声音，我们应该带着筛子，过滤掉那些片面的、恶意攻击的、不了解你的声音。有一些声音不一定是恶意的，但也要懂得去分辨是否对自己有用。

《被讨厌的勇气》里说：“毫不在意别人的评价，不害怕被别人讨厌，不追求他人认可，如果不付出以上的代价，那就无法贯彻自己的生活方式，也就不能获得自由。”

电影《泰坦尼克号》中女主扮演者凯特·温斯莱特在 14 岁的时候，一位喜剧老师告诉她，如果她将就演胖女孩的角色，可能演得还可以，其他角色可能就不太行了。但是，她没有因为那位喜剧老师的评价而定义自己。她知道每个人是以自己的价值观和经验去评价另一个人的。这些声音，在他们的价值观里也许是正确的，但在另一个人的价值观里或许就不正确。想要活出自己，就必须像筛子一样学会过滤声音，并且不断进步，克服许多恐惧，坚持前进。

我相信，很多走进臻尚美课堂的女性，身边也会响起一些声音。对于这些声音，不是别人说什么，我们就要做什么。我们要思考声音的背后出于什么目的以及建议的可行性，要在思考后分辨哪一些声音是击垮你的自信，哪一些声音是真的能指引你的成长。抨击你的声音，不了解你的声音……就让它飘散在风里；那些真的设身处地为你着想，能指引你成长的声音，放在心里并尝试践行。

除了懂得过滤声音，还要不断向上生长。毕竟站在山脚下的人听到的都是嘈杂的声音，只有站在山顶上的人，听到的才是大自然的声音。这个世界的声音像浪潮一样来来回回，不要成为别人评价的“傀儡”，不要被外界的声音裹挟着往前走。

学会过滤声音，才能更好地生活。

5/11 人这一生为什么要努力

《人民日报》曾经发过一则微博：让你人生瞬间开朗的三十六个问答。其中有一个问题是：人这一生为什么要努力？答案是：让自己有拒绝别人的能力，让自己对人生多一点控制力。

人生于世，没有对别人说“不”的能力和没有对自己人生的控制力，是很苦恼的事。而我们努力的意义，正在于此。曾经有一位朋友对我说，她以前不喜欢回老家过年，但是近年来她不再抗拒回家过年这件事了。

为什么呢？以前的她回家过年没有话语权，小到家务，大到人生大事，都没有说“不”的权利。如今，她发现自己可以和别人平起平坐了。她在家族里面拥有了话语权，不再像过去对长辈们唯命是从，而是拥有了说“不”的权利，也获得了参与商议大事的权利。

这不是年龄赠予她的权利，而是她的努力与成长带给她的强大。她的努力带给她的不仅仅是经济的独立，还有思维的成长以及处理问题的能力。曾经还没那么强大的时候，在家人的催促下，她认为结婚生孩子是每个人的必选项，家里安排的相亲没有勇气拒绝，避无可避。后来通过努力构建了强大的自我后，她发现婚姻不再是必选项，人生有无数的可能性，而自己也有了追求这些可能性的勇气。

这是努力带来的改变。努力的意义在于你的人生不再由他人定义，而是你自己说了算。人为什么要努力？每个人的答案都不一样，但我想终究都是为了活出更好的自己。让不断努力的自己，拥有多一点对自己人生的控制力。

黄渤的出名完美地诠释了人为什么要努力。没出名之前是他找剧本，出名之后是剧本找他。没戏的时候，为了生存，他不管什么角色都演；成名后的他可以选择自己喜欢的剧本，演喜欢的角色。这是一个从被动接受到主动选择的过程。

我们大多数人生下来，人生的钥匙并非握在自己手上。我们无法决定自己读什么学校，没有足够的条件学自己喜欢的东西。很多情况下都是被人推着往前走。唯有不断努力、不断成长，才能慢慢地拿回我们的人生钥匙，启动我们的人生列车。而不是像一个等待列车的乘客，你的时间、你的行程，都只能跟着列车的时刻和规划的路线走。

当你努力构建越来越优秀的自己之后，你会发现人生中那些喜欢的东西依然可以继续喜欢，但害怕的东西不再害怕。因为努力过后的你，拥有足够的“魔法”去打败生活的“妖魔鬼怪”，也能控制自己不被生活“妖魔”化，而是长出自己的翅膀，飞向理想的高空。

5/12 命运的转机就在这四大定义

生活中，会有很多事困扰着我们，令我们悲伤和痛苦，让我们的生活难以前行。如果你跳出当前的环境、时间、立场、因果，重定环境、重定时间、重定立场、重定因果，也许命运就会发生转机。

一、重定环境

环境因素对一个人的成长和价值体现有着至关重要的作用。如果把人比作一瓶矿泉水，那么它的原产地在哪里很重要，最终的销售场所也会决定它的价值。这让我想起了孟母三迁的故事：孟子小时候住在离墓地很近的地方，久而久之也玩起了办理丧事的游戏。他的母亲认为这个地方不利于小孩的成长，于是搬到了集市旁边。集市每天人来人往，热闹非凡，孟子常常闲逛，和玩伴们玩起了屠杀和买卖的游戏。孟母认为这个地方也不适合孩子居住，再次搬家到了学堂旁边。这里的人学问渊博，谦卑有礼。孟子在他们的影响下也爱上了学习，懂礼数。最终孟母认为这里才是有利于孩子成长的地方，便定居了下来。

环境对人的成长至关重要，要善于选择有利于自己成长的环境。如果一个环境不能让你成为更好的自己，那么你要去寻找能够提升自己的环境。

二、重定时间

重定时间，顾名思义就是换一个时间框架看问题。有些事之所以会成为你的困扰，是因为你站在了今天去看待它。如果你能站在未来看待，你会发现那些问题好像也不再困扰你了。譬如，十八岁的烦恼在二十八岁看来已不再具备伤害性，同样，三十八岁的烦恼在四十八岁看来，伤害值或许也没有之前大。

所以，很多时候并非是事情真的难以解决，而是被时间和年龄困住了。若是能用未来的眼光审视现在的自己，很多事情就会豁然开朗。走在时间前面还是被时间推着往前走，会有两种截然不同的结果。所以，我们要往前看而不是被困于当下。

三、重定立场

重定立场就是假设同一件事在不同人身上会呈现什么样的答案，我们再从这些不同立场得出的答案去面对当前的困扰。譬如：现在的你很痛苦，但是你的妈妈或者你的女儿知道了，她会不会为你痛苦。当你想到自己的亲人会为了你的痛苦而痛苦，你是否会设法让自己从痛苦之中解脱出来？尝试着跳出自己的立场，想一下同一件事换作他人会如何对待，从别人的立场上重定自己的现状，也许就会有不一样的转机。

很多事情都是当局者迷，旁观者清。做个旁观者去审视自己的处境，就不会在自己的世界里迷路。再者，当我们遇到问题的时候，不妨设想一下如果是比我们优秀的人，他会如何解决这个问题？

这样，我们可以重定立场，向比我们优秀的人学习，用他们解决问题的方式解决我们的问题。立场不一样，解决问题的方式就会有所不同，自然得到的结果也就不一样了。

四、重定因果

在你身边是否有喜欢怨天尤人的人？迟到了怪车，生意不好怪疫情。重定因果就是要我们向内看，向内观。迟到了反观是不是自己时间安排不合理导致的，生意不好是不是产品、服务或管理出了问题。如果把一切后果都归于他人或环境，那问题就难以解决。没有人喜欢被迫改变，所以改变别人比改变自己更难。当你重定因果，将因果关系转移到自身的时候，你会发现有些原本需要煞费苦心的问题都迎刃而解了。

当你能重定环境、重定时间、重定立场、重定因果，或许生命中那些困扰你的事就能迎刃而解，命运就会发生转机，往光明美好的方向发展。

5/14 人生三大壁垒与三种应对方式

我们每个人心里都有一座牢笼。阻碍我们无法走出牢笼、活出自我的三大壁垒是：负面思维、法官思维和局限思维。那么，如何不被困在其中呢？正面思维、绿灯思维和空性思维则是我们打破壁垒、成功“出逃”的三种应对方式。

一、从负面思维到正面思维

所有人的情绪中都有两种思维：负面思维和正面思维。负面思维是对接触到的现实首先做出消极的认识，即什么都往坏处想。正面思维则相反，遇到问题和困难的时候，关注事情好的一面，而非坏的一面，是一种积极的、乐观的认识。

我们都知道，人的意识会影响人的行为。负面思维会带来消极的行为，消极的行为会带来不好的结果。因此，如果我们要打破负面思维的墙，必须找到可以与之对抗的正面思维的大锤，就是看清自己的优势和潜力，以乐观、积极的心态去一点一点敲掉负面思维的砖瓦。

当你学会察觉自己的正负思维，并且学会用正面思维去面对生活中的难题，我相信你的心中就会充满美好的信念，迎接光明的未来。

二、从法官思维到绿灯思维

法官思维是指一种程序、评判的思维。拥有这种思维的人，往往坚守心中的程序，处理事情也是按照程序走，很难接受程序以外的处理方式。绿灯思维是指一种更加开放的心态，尊重不同，拥抱多元。

当自己遇到一个全新的观点，或别人在同一件事上给出不同观点的时候，绿灯思维的人第一反应不是否定和排斥，而是认为“这个观点真棒，我要尝试这个观点并让它的价值最大化”。

这是一种有利于成长的思维模式。如果一个人不再固守“自我观点”，他就会接受新观点，尝试新事物，活出新的人生。反之，固守旧观点和刻板印象，则会阻碍自己前进。

三、从局限思维到空性思维

有一个故事：一位记者在农村看到一个正在放羊的小男孩，就问他：“你的理想是什么？”小男孩说：“放羊！”“羊放大了做什么？”“卖钱。”“卖羊有了钱要干什么？”“娶老婆。”“娶老婆干什么呢？”“生小孩。”“生小孩干什么呢？”“放羊。”

如果把世界比作一个大圆，那么局限思维是大圆圈中固定的一个小点。故事中的小男孩就是以局限思维去面对人生。思维的局限直接影响了目标的局限，目标的局限也影响了行为的局限。不突破局限，人生就会走进一个死循环。

局限思维会让一个人面对多件事的时候只有一种想法，而空性思维是面对一件事有多种想法。空性思维是一种不固定的、不给自己设限、没有边界的思维。空性思维不是虚无的，而是另一种意义上的全面性思维，代表着开阔的、多样性的、不设限的想法。不良的思维是我们每个人最大的牢笼，如果不懂得转变自己的思维，生活就会一成不变或止步不前。

愿每个人都能打破人生的三大壁垒，改变我们的思维，活出理想人生。

5/27 女人的三个好运密码，你有吗

看到一个人成功的时候，有人也许会说，他很努力或很幸运，当看到别人惨遭失败的时候，就会说他不够努力或不够幸运。你看，是否成功和一个人的努力有关，但也和一个人的运气有关。那么，好运气是与生俱来的吗？

好运气不是从天而降的，而是和后天的努力分不开的。如果你总觉得自己很倒霉，你一定要懂得这三个密码，让好运与你相伴。

一、遇到好事不到处炫耀

我们可以和那些真心希望我们过得好的人去分享一些好事，但不要逢人就炫耀。

因为并不是每个人都是真心希望你好，炫耀好事可能得到他人的羡慕，但也容易引起别人对你的嫉妒。你一旦被很多人嫉妒，那么坏事可能就离你不远了。我们永远不要高估了人性，人性是我们永远都无法揣测和控制的。

不炫耀是对自己的一种保护。炫耀则是破坏好运的开端。日日炫耀，只会流失自己的福气，为自己招来不必要的麻烦，挡住了好运的入口。

二、每天做一点微小改变

如果你每天都做着一成不变的事，你收获的也会是一成不变的生活。如果你每天做一点小改变，你的磁场也会慢慢流动起来。磁场流动了，运气自然也会慢慢流动起来。比如你从来都不敢在公众场合说话，而这次一定不要害怕丢脸，勇敢地站出来发言一次；比如你嫌弃自己的身材很久了，不妨明天开始动起来，一天一天增加运动量，不断挑战自己身体的极限……

改变是好运的开始。每天做一点小改变其实就是在给自己积攒一点小运气。我相信总有一天，这些小运气会像屋檐下的水缸，在日积月累下蓄满一整缸的水，成为一份大大的好运在你的生命中悄然而至。

三、记录生活中开心的事

我们可以每天在睡前花费几分钟的时间，记下当天让你开心或比较有成就感的一些事情。我们可以理解为能量储存。一个人只有不断储蓄正向的能量，记住美好的事，才能成为一个温暖的小太阳，温暖自己，也温暖别人。

如果你记住的总是一些倒霉的或者挫败的事，心里难免会有负能量。负能量和正能量有着一样大的爆发力，不过正能量能创造美好，负能量能毁灭美好。毁灭美好其实也是在赶走好运。所以，记录开心的事就是让自己慢慢形成正面心态去看待人和事。如此循环下去，心态好了，好运自然会来。

不要总说自己倒霉。牢记这三个好运密码并行动起来，你一定能成为一个好运女人，与好运相伴。

5/28 人生幸福的“三寡”处世之道

日本杂物管理咨询师山下英子曾经提出过一个著名的人生整理观念，即“断舍离”。所谓断舍离，就是通过物品整理了解自己，整理心中的混沌，让人生舒适的一种行动技术。断舍离的人生整理观念走到今天，被赋予了更多新的定义。除了可以对我们具体的身外之物进行断舍离之外，更要对我们的内心世界断舍离。

内心世界的断舍离更多是一场人生修行。这让我想起了曾国藩，他是一个非常注重个人修养的人。他的“三知”“三实”“三寡”等一直以来都被人效仿。其中，“三寡”与断舍离的人生观念也有着异曲同工之妙。

曾国藩的“三寡”是：寡言养气，寡事养神，寡思养精。我们知道，人生求多、求大、求好，只要努力或许很快就可以获得多、大、好，但是舍弃一些原本拥有的而去求寡，却是一件艰难的事。

1. 寡言养气。王羲之的三个儿子王徽之、王操之和王献之去谢安家拜访。其间，哥哥王徽之和王操之滔滔不绝地谈论各种世俗的事，只有王献之除了简单的几句问候之外，安静地坐在一旁。兄弟三人走后，有人问谢安三兄弟中最看好谁，谢安说最看好王献之，因为他的话最少，一定是个心地不轻浮的人。后来，王献之得到了谢安的赏识出任多职，也成为我国历史上著名的书法家，与父亲王羲之被合称为“二王”。

寡言养气的“气”可以指一个人的精气神，也可以是指福气。话说得太多，有时候不仅会伤害嗓子损害元气，也会丢掉自己的福气。因为，处世戒多言，言多必失。

祸事往往从口出，所以，少说话能养精气神，也能保全一个人的福气。

臻尚美的感恩卡中“话多不如话少，话少不如话好。静坐常思己过，闲谈莫论人非”这两句话，也是这个道理。

2. 寡事养神。不知道你有没有这种体会，什么事都做，最后却什么事都做不好？一个人的精力是有限的，不可能事事都亲自操劳。特别是对于管理者和领导者而言，我们要学会选择，选择那些重要的事。如果连鸡毛蒜皮的小事都不肯放手由他人去做，那么永远有干不完的事，最后得到的也许还是满身的疲惫。真正的智者都明白一个道理：放下无关之事，专注必行之事。只有这样，才能做好想做的事，让自己快乐。寡事养神除了让我们学会选择和放下之外，还要求我们不做一个惹是生非的人。臻尚美的感恩卡也有这样一句话：不怕事多，只怕多事。

我们要做一个善良的人，但不要做一个多管闲事的人。多管闲事有时候只会给自己带来不必要的麻烦，让自己无法脱身。

3. 寡思养精。人要思考，但不能乱想。比如，对于旁人一个无心的动作，自己能在心里解读半天，别人一句无关紧要的话也能让你在夜里辗转难眠。用如今的话来说就是内耗。内耗是一件摧残人心的事。我们本可以坐在地平线上看日出的万丈光芒，却非要自动坠入深渊去体验阴暗、潮湿、低洼，用灵敏的嗅觉吸入发霉的味道。

世上本无事，庸人自扰之。不多想，不乱想，不过分解读，不过分揣测，心就会简单一些，人生自然会更开心。开心是我们精神最好的雨露，不仅能反过来滋养我们的身体，也能让我们拥有更多能量去追求理想。古人言：“夫少者，多之所贵也。”有时候多并不优于少。所以，做人如果能寡言、寡事、寡思，也许会活得更通透、更幸福。

7/19 尊重所有相同，尊重所有不同

哲学家莱布尼茨说：“世界上没有两片完全相同的叶子。”同理，世界上也没有两个完全相同的人。每个人都是独立的个人，每个人都拥有不同的价值体系。世界纷繁复杂，人也各有不同。这时候，尊重别人与自己的不同最能体现一个人的成熟与修养。

首先，尊重别人与自己的不同，不以自己的标尺衡量别人。

曾经，杨丽萍分享了一则生活视频，她优雅的身姿、惬意的生活引来了无数网友的赞美。然而，一个网友在下方评论，称“一个女人最大的失败是没一个儿女，所谓活出了自己都是蒙人的”，又引起了一番热议。有网友反驳：“说话或沉默，是你的权利；生与不生孩子，是杨丽萍的权利，可以不爱，但请尊重。”

是的，每个人都有选择自己的生活方式和人生道路的权利，不以自己的标尺衡量别人，不以自己的标准要求别人，尊重别人追求自我价值，这是一个人的成熟与修养。要尊重别人与自己的不同，尊重和理解每一种选择，让每一个生命都可以活出自己的精彩。

其次，尊重别人与自己的不同，不强迫别人做不喜欢的事。我的女儿轻微挑食，总有几样不喜欢的食物。过去我也会像其他妈妈一样，义正言辞地跟她说“小朋友不能挑食，挑食对身体不好”之类的话，但她依然我行我素，为此我也苦恼过一段时间。后来，我突然明白了，不管大人还是小孩，每个人都是独立的个体，大人都有自己不喜欢吃的东西，何况是小孩呢？

康德说：我尊敬任何一个独立的灵魂，虽然有些我并不认可，但我可以尽可能地去理解。尊重别人的喜好，理解别人的“不喜欢”，不以“我为你好”之名，强

迫别人做不喜欢的事。

再次，尊重别人与自己的不同，不以自己的热爱去诋毁别人的热爱。世事万万千，热爱万万千。每个人都有自己热爱的事物和讨厌的东西，我们不能因为喜欢某一样东西而去诋毁另一样事物，或认定一种价值观而否定另一种价值观。

因为，在这个世界上，每个人的生活环境、教育背景等都不同，所作所为所思所想就不可能如出一辙。允许差异，尊重不同，包容不同，是我们每个人都应该学习的一门功课。著名哲学家罗素说过：须知参差多态，乃是幸福的本源。学会接受别人的不同，不以自己的热爱诋毁或否认别人的热爱，也许烦恼会减少，幸福会增加。

世界之大，各有不同。让我们尊重所有相同，也尊重所有不同。

7/21 最终拥有什么样的人生，时间会告诉你答案

有人曾说过，善于掌握自己时间的人，才是真正伟大的人。人生如白驹过隙，忽然而已。惜时的人，时间会留给他串串果实；浪费时间的人，只会收获一头白发和空空的双手。我经常听到有人抱怨自己知识浅薄，每次站上舞台都不知道要讲什么，严重缺乏谈资。于是，我会问她：那你平时怎么分配自己的时间？对方的回答大多都是：追剧，刷短视频，看朋友圈。

答案很明显，你把时间都花在这些带给人短暂快乐的东西上而不去积累，关键时刻怎么会有东西输出呢？如果你仔细观察人物，你会发现成功的人往往都非常善于利用时间，他们随时随地都在为自己储蓄能量。人人都羡慕董卿的才华与气质，却不知道她每天睡前都至少花费一个小时去阅读，这个习惯几乎雷打不动，像吃饭

睡觉一样成了她生活的一部分。钟南山院士在新冠肺炎疫情最凶猛的时候依然奋斗在一线，完全看不出来他已经八十多岁，身材健壮、精神矍铄、思维清晰，他说这一切都得益于自己多年坚持运动、健身。矿工陈年喜只有高中学历，他却不甘于现状，每天下班后坚持读书、写作，终于在四十多岁的时候出版了诗歌集《炸裂志》，一跃成为名声大噪的矿工诗人，后来三度登上央视，远渡重洋，去哈佛大学、耶鲁大学等做巡回演讲。

一个人时间花在哪里，成就就在哪里，我们对时间的态度，决定生活的模样。如果你虚度光阴，那时间也不会对你有所馈赠。

经常有人好奇为什么我年纪不大，却能把企业经营得那么好，并且拥有很多人活到老都明白不了的智慧？也许在别人看来，我是被上天眷顾的那一个幸运儿。确实我也很幸运，这一路走来都有许多支持我的亲人与伙伴，他们给了我很多力量与勇气。然而，在幸运之外，其实一直都有一个声音在我身体里不断提醒和督促我。这个声音告诉我，能用一天做成的事情绝不拖到第二天，只要有能离梦想更近一点的方法，就要付诸行动。实现梦想的道路很漫长，当别人迷茫时，我目标坚定；当身边朋友在享受青春和恋爱时，我用来创造机会获得能力；当别人在为失败而哭泣甚至堕落时，我奔走在各个城市向各行各业优秀的人学习……当这些一点一滴在当时看来似乎没多大用处的“量”的积累发生了“质”的变化，于是，就有了今天的我。

其实，人们眼中的优秀之人之所以卓越非凡，并非天资超人一等，而是他们都花费了大量的时间，付出了持续不断的努力。

我很认同作家刘同的一段话：腾不出时间学习的人，迟早会腾出时间来伤悲；腾不出时间思考的人，迟早会腾出时间来后悔；腾不出时间运动的人，迟早会腾出时间来减肥；腾不出时间呵护亲情的人，迟早会腾出时间来流泪。时间它不会说谎，它正在以最大的公平对待每一个人。如果你把时间花在博览群书、追求学问上，那将收获渊博的知识；如果你把时间花在运动健身、锻炼身体上，那就收获健康的体魄；如果你把时间花在闲聊八卦、刷剧追星上，那很可能将收获碌碌无为的一生。

时间是世界上一切成就的土壤。一个人的成长，是由无数的时间积累起来的。你对待时间的态度，决定你过怎么样的人生。

让我们从今天开始把时间花在有意义的地方，收获充实且有意义的人生吧。

7/28

就是因为我们的不完美，才有世界的丰富多彩

古人云：金无赤足，人无完人。世界上没有完美的事，也没有完美的人。

在这个不完美的世界，面对并不完美的自己，我们应该对自己生命中的不完美闪躲规避，还是坦然大方地接受呢？

以前，我会毫不犹豫地选择前者。如今，我坚定地选择后者。因为，随着这些年的成长，我发现只有接受不完美，学会与自己和解，才会越来越幸福。

也许有人会说，接受生命中的不完美，与自己和解，这不就是躺平和逃避吗？

躺平与逃避是和解的假象。真正的和解，是与成长、努力在同一跑道上的，目的都是为了让我们变得更好，拥有更幸福的人生。

咏梅，是我很欣赏的一位女演员。年轻的时候，她很介意自己的外表，总觉得自己的两腮太肿了，牙齿不够白，眼睛不够好看，一度想去瘦脸，做烤瓷牙，割双眼皮。当走了很多路，看了许多风景，经历了许多事之后，她明白了其实每个人的一生都有自己的形态，有自己独特的河道、独特的树干。自己的不完美，是一份独特的存在，有其独特的意义。她曾经和团队的修图师说：“我的照片可不可以不修，如果非要修，能不能别把我的皱纹都修平了，那是我好不容易长出来的。”咏梅与自己和解，不再纠结自己的身材与外表，而是认真提升演技和享受生活。2019 年她

凭借《天长地久》获得第69届柏林电影节最佳女演员奖。

接受生命中的不完美，与自己和解，她说：“当你学会接纳自己之后，你会发现，生活忽然就简单明朗了。”

想起一句话：“学会与现状和平共处，才能往想要的境界前进。”曾经，我也很介意自己的身高，不愿意和高个子的人站在一起。当我与自己和解，接受自己的不完美之后，不管在哪儿，我都可以坦然接受自己的身高。即使导师团里的每一位老师都比我高，每次活动、每次合照，我都能大大方方地站到她们中间，直面自己的身高。作家黛比·福特在《接纳不完美的自己》一书中讲到，每个人都是不完美的，只有接纳不完美，才会成为完整的人。坦然接受自己的不完美，我反而更轻松自在了。

人生是一场需要不断与自己和解的旅程，直面自己的不完美，接纳自己，认可自己，才能潇洒敞亮而活，才能活出幸福的色彩。臻尚美从成立至今，培养了许多优秀的导师，也有许多姐妹正在为导师考核而努力。然而，随着市场的快速发展，有些姐妹对自己的外在形象要求越来越高，有的甚至对自己的外在产生了质疑。其实，在我看来，不管是现如今已走上课堂的老师，还是没有通过考核的姐妹，都不应该对自己的外表产生质疑，外表固然重要，但并不起决定作用。

如果没有好看的外表，我们更应该不断提升自己，让自己的内心不断强大，用专业的知识、幽默的方式以及对身边每个人的真诚赢得市场的认可。人，生而不完美。我们每个人都应该与自己的时间、身体、容貌、性格、家庭等进行某种深入而持久的对话，接受生命中的不完美。

只有这样，才能更接近幸福的生活。这个世界，也是因为有了我们的不完美，才更加丰富多彩。人生很长，我们要勇敢地打开自己，接受自己的不完美。学着与容貌和解，与时间和解，卸下铠甲，活在当下。只有和解，生命才有轻盈感。

8/6 幸福人生，无非这四件事

英国作家欧文说过：“人类的一切努力的目的在于获得幸福。”

幸福是什么？

相信每个人心中都有不一样的答案。

在我看来，幸福人生，无非四件事。

一、做喜欢的事

有人说：“做自己喜欢的事是自由，喜欢自己做的事是幸福。”如果一个人遇到自己真正喜欢的事，不管多苦多累，心中的热爱都能支撑他一直走下去。而且，因为喜欢与热爱，我们会从中获得能量与成长，从而喜欢的事就可能变成擅长的事，在我们的生命里闪闪发光。

我热爱优雅仪态，优雅仪态也变成了我擅长的事。因此，在这条路上，无论如何我都将坚定不移地走下去。

臻尚美在短短三年多的时间里，实现了从零到二百多家分院的跨越，我想，也正是因为有一群真正喜欢、热爱优雅仪态的人，他们的每一份喜欢，就像每一条枝干、每一片树叶，使树的形象变得高大、丰满，稳稳地扎根于大地上。

二、做擅长的事

李彦宏说：“人一定要做自己喜欢并且擅长的事。”

内心的喜好是推动事业进步的最大动力，它能帮你克服困难，坚持到底；如果你喜欢的事情有很多，就要挑选自己最擅长做的事，这样就能在感受快乐的同时取得超乎常人的成就。

但是，据调查统计，84% 的人终其一生都没有找到自己擅长的事。因此，很多人在面对选择的时候，会陷入迷茫。

而在臻尚美，既有人在做自己擅长的事，也有人通过努力找到了自己擅长的事。

静静老师曾经是一名拉丁舞老师，佳镱老师和雅喃老师都曾经是空姐，她们凭借过去的从业经历以及自身出众的形体条件，在臻尚美脱颖而出，成为优雅仪态导师。如今，她们的课程深受全国学员的喜爱。

也有一些人通过学习和成长，发现了自己内在的天赋，克服了自卑与胆怯，站上了舞台。

一个人，如果能在自己擅长的领域做事，其实是非常幸运的，那是一种挥洒自如、畅快淋漓的人生幸福。

三、做利他的事

稻盛和夫说："积善行，思利他。"

我经常和我们的院长、导师以及市场团队说，不管做任何事，都要有"利他精神"。利他，看似是为他人着想，为他人奉献，其实最终都会利己。

湛江市代院长戴总，在遇见臻尚美之前，从事过许多工作，但都无法准确找到自己的人生定位，心里始终像浮萍一样漂泊不定。

当他加入臻尚美，看着越来越多女性因为优雅仪态而改变了命运，实现了梦想，他忽然就找到了人生的答案。原来在这世界上赚钱不是唯一的幸福，帮助他人成为更好的自己、实现自己的梦想，也是幸福的秘诀。

如今的他，坚定不移地走在优雅仪态这条道路上，为他人、为社会竭尽全力，贡献自己的力量。

四、做赚钱的事

我们经常听到这样一句话：钱不是万能的，但是没有钱是万万不能的。

其实，这就是经济基础决定上层建筑。如果一个人没有办法让自己拥有良好的经济基础，那其实很多事他都将没有办法去做。而当一个人有赚钱的能力，首先他就能实现自我价值，获得经济自由，拥有自身的幸福感。

做赚钱的事，其实就是在获得自我满足、自我幸福之后，再去帮助他人，从心底里提升幸福的能力。

在臻尚美，我见证了许多人从家庭走向职场，从依附他人到实现经济独立。当优雅仪态变成一件既可以提升自己又可以实现经济独立的事，还能帮助他人，我想，那无疑是幸福的。

愿每一个人都能找到自己喜欢的事，做擅长的事，有持续赚钱的能力，有一颗利他的心，成为一个真正幸福的人。

8/9 心存感恩，才能走得更远

作为东京奥运会跳水比赛项目评委的郭晶晶，在闭幕式后与其他运动员连线直播。其间，在谈及自己的恩师钟少珍的时候，她几度哽咽。

原来，在郭晶晶人生最低谷的时候，年近六十岁的钟少珍站了出来，拉了她一把，并且待她像自己女儿一样，严格又慈爱，把她从谷底推向了世界冠军。

如今，郭晶晶身载无数荣誉，也有了幸福的家庭，但依旧不忘恩师在她生命中点亮的这盏明灯。郭晶晶的眼泪，让我们看到了她的真诚、善良和感恩之心。我想，也正是这些从内心散发出来的美好品质，让郭晶晶这么多年来都能一直保持着好人缘。

其实，不管是个人还是企业，心存感恩，才能走得更稳更远。因为，心存感恩的人，内心真诚善良，做事有原则有底线。

只有这样，人生或是企业的步伐才能走得稳当长远。就如美国耶鲁大学校长彼得·沙洛维说的那样："心怀感恩的人，很少会妒忌他人。充满感恩的人，能更好地应对生活的压力，具有更强的抵抗力。"

有位哲学家说过，世界上最大的悲剧与不幸，就是一个人大言不惭地说，没有人给我任何东西。其实，生命是相互依存的，人的一生，无论成败，都会得到太多人的帮助。

父母给了我们生命，让我们来到这个世界上；老师给了我们知识，丰富我们的内心，充实我们的人生；自然给了我们各种资源，让我们有稳定的赖以生存的环境；祖国给了我们安定的生活，让我们有梦可以做，有理想可以追求……

感恩既来源于别人的给予，也是给予别人的馈赠。臻尚美作为一家企业，不仅设立了"真善美公益日"，在能力范围内为社会做力所能及的好事、善事，而且每次开课都少不了一个环节，那就是全体学员集体念感恩卡。也许有人会说，这是在浪费时间。其实不是的，感恩，应该是我们每个人的功课。

在做任何事之前，都应该先学会做人。如果一个人有着倾国倾城的美貌，但是她没有感恩之心，那么，学再多的优雅仪态也掩盖不住其丑陋的内心。

反之，怀着一颗感恩的心学习优雅仪态，她的内心就会越来越丰盈，才能真正收获快乐与幸福，才能走得更稳更远。

心怀感恩，就如臻尚美感恩卡上写的那样：感父母之恩，感老师之恩，感同学之恩，感祖国之恩，感自然之恩……

心怀感恩，就是当你成为更好的人，还愿意去帮助更多的人变得同样美好。

心怀感恩，能让我们越走越稳，越走越远。

我们总说，不忘初心，方得始终。现在我想说，心存感恩，才能走得更稳更远。

8/10 幸福三要素

幸福是一个永恒的话题。

每个人终其一生都在追寻幸福。但是，每个人对幸福的定义不一样，幸福的要素也就不一样。

小朋友说，幸福的要素是五颜六色的糖果、游乐园里的旋转木马、一只轻飘飘的气球；大人说，幸福的要素是拥有享不尽的荣华富贵和至高无上的权力，以及一个幸福的家庭。

幸福的要素千千万，而我所能感知的幸福要素只有三个：有人信你，有人陪你，有人等你。

一、有人信你

信任是无形的力量与财富，当一个人被他人信任的时候，他内心的能量就会强大无比。在创立臻尚美的时候，我就遇到了一个无比信任我的人。那时候，我在其他平台授课，雷院长是我的学生之一。有一次下课后，其他学员都走了，只有她留下来，问我："兰子老师，您什么时候开一间自己的公司呀？"

当时的我，完全没有创立自己的品牌的想法。于是，我回应她："我现在暂时还没有这个想法，若是以后有这个计划，我们再联系。"

后来，我决定开创自己的品牌，她也放下之前的工作全力以赴支持我，不仅成了臻尚美的第一位学员，也成了我强大的合作伙伴。

至今，我们依旧同行在这条路上。她走的每一步，都充满着对我的信任。她的相信并敢于托付，让我内心安定而幸福。

信任是一种有生命力的感觉，被越多人信任，幸福感就会越强。

佳镱老师成为臻尚美导师团队的第一位老师，也是源于对我的信任。她从湖南一路追随我到广州，让我的导师团队从无到有，从弱到强。

三水分院的叶院长在并不知晓臻尚美未来会发展成为什么样子的时候，成为第一个加盟臻尚美的人，因为她相信我能把臻尚美做大做强。

这一路上，我遇到了许许多多信任我的人，他们给我能量，照亮我前行的路。

二、有人陪你

我们经常说，陪伴是最长情的告白。这句话既适用在爱情世界里，也同样适用于创业的路上。时间会沉淀最真的情感，风雨会考验最暖的陪伴。走远的只是过眼云烟，留下的才是值得珍惜的情缘。

有人陪你，是人生一种莫大的幸福。

从创立臻尚美至今，有无数人从我的生命中走过，而最让我感到幸福的是那些不管我是处于低谷还是高处时都始终陪伴在我身边的人。

彩虹老师一遍又一遍说服家人回到臻尚美，像呵护孩子一样呵护着刚成立不久的臻尚美，并且陪我走过最艰难的创业期，一直到如今。

在臻尚美分院管理制度还不完善的时候，桂林市曹代院长在第一次院长会议上说：“兰子老师你放心，我会在桂林为你撑起一片天。”

像她们一样的人还有很多很多，她们的陪伴，是我创业路上最美的情书。

三、有人等你

有人等你，就意味着你前行的道路不是孤军奋战，而是不管你什么时候回头看，他们都坚定不移地陪伴在你身边或站在你身后，给你慰藉，给你力量。他们不仅是我的家人，也是和我有着同样期待的人。

我的家人，永远是我最坚强的后盾。平时不管我多忙、多晚回到家，总是有热腾腾的饭菜等着我，总是有一盏灯温暖我疲惫的身躯。

和我有着同样期待的人，我们都在等待臻尚美向更好更高的方向发展，有一个辉煌的未来，并且我们一起为之不断努力着。

有人等你，前行的路就不会迷失；有人等你，心灵就有归处。

漫漫人生，祝愿每一个人前行的路上都有人信任，有人陪伴，有人等待，让幸福之花盛开在我们的生命中。

8/19 相信相信的力量，看见看不见的世界

曾经看过一个公益广告，片尾的一句广告词深深触动了我：相信相信的力量。

这则广告说，因为相信，张宏军历时二十二年在云南山区种出了世界一流的咖啡豆；因为相信，短短五年时间超过 5.5 亿人在蚂蚁森林种下了 2.2 亿棵树，让沙土长出了希望；因为相信，开店三十三年的尹正根，用“10 元管饱”的爱心餐温暖了无数人…….

心理学家麦基说：“一个人相信什么，他未来的人生就会靠近什么。你相信什么，才能看见什么；你看见什么，才能拥抱什么；你拥抱什么，才能成为什么；你所相信的，将是你的命运。”

相信相信的力量，才能看见看不见的世界。

有人说：“所谓才能，是相信自己，相信自己的力量。”

在今年四月份亚洲区女足奥运会预选赛，中国对阵韩国的第二回合中，中国女足就向世界展示了“相信的力量”，即永不言弃、相信自己、相信团队的精神。因为相信自己、相信团队，才能在体能已经亮红灯的加时赛中依旧坚持不懈，踢进那

颗令所有中国人都振奋不已的扳平球，将比赛的被动局面转为主动，最终以 4:3 的成绩击败韩国，顺利拿到东京奥运会的入场券。

女足队员王霜曾经说过："不论发生什么，我始终相信坚持的力量，也希望每个人在自己的舞台上，永远坚持不懈，永远相信自己。"心中有信念，就如心中有一座灯塔。无论何时，不管遇到什么荆棘，都能始终坚定不移地往灯塔的方向走下去，不会迷失方向，也不会半路返航。

因为相信，所以看见。

在臻尚美，相信相信的力量，才有了之前从未站上过舞台的人，也能站在聚光灯下享受鲜花与掌声；才有了原本不熟悉电脑操作的人，也能成为 DJ 掌控着整个课堂的音乐节奏；才有了来自各行各业的女性都成为优雅仪态导师，活出自我与价值。

因为相信，心中有了源源不断的力量，才能熬过无数个白天上课夜里挑灯复习的孤独的日子，才能对别人的嘲笑与质疑一笑而过，才能打破那些对女性约定成俗的定义与偏见……

培根说：深窥自己的内心，而后发觉一切奇迹在于你自己。

相信自己，七柒老师才能实现完美蜕变，告别了曾经肥胖臃肿、不修边幅的自己。相信优雅仪态带给女性的力量，她才能在优雅蜕变后继续克服内心的自卑、胆小、恐惧，一次又一次争取站上舞台的机会，最终成为一名导师，实现了更多的人生价值。

相信的力量，是一团蕴藏在心中永不熄灭、熊熊升腾的火焰，温暖和照亮着我们的追梦之路，让我们找到属于自己的世界。

人活在世，每个人都要有自己的信仰。如果心中没有信念或深信不疑的东西，那将是一件很可怕的事。这样的人，往往都不知道自己要什么，不知道自己将抵达何处，一生都将在随波逐流与人云亦云中度过。唯有相信自己，并朝着自己的信念出发，才能抵达人生的顶峰，看见不曾见过的风景。

8/23

你在自己的时区里，从没落后

我很喜欢一个词，叫钝感力。这个词是由日本作家渡边淳一发明的。

他说，钝感力是一种迟钝的力量，即从容面对生活中的挫折和伤痛，坚定地朝着自己的方向前进，它是赢得美好生活的手段和智慧。但是钝感力不等于迟钝木讷，而只是对事情没有那么敏感，凡事允许自己“反应”慢一点。哪怕失败的次数比别人多一点，也没有关系，只要坚守信念一直往前走就好。

在渡边淳一还是个文学新人的时候，他经常遭到编辑的退稿，并且常常受到严厉的批评。如果没有钝感力，当时的他就会因为过于敏感而消沉下去，也就不会再写小说了。恰恰是他的钝感力，让他没有因自己暂时的落后以及别人的批评而气馁，而是依旧坚定不移地走在写作这条道路上，最后成为世界著名的作家。

钝感力是一种可以对抗外界的力量，让我们能够摆脱世间“常识”的羁绊。所以其实我们每个人都需要它。

曾经有学员跟我倾诉她的焦虑。她说同样是学习优雅仪态，别人的学习能力好强，每个动作都很到位，而自己看起来是那么的肢体不协调，理解能力好像也不到位，时常觉得自己像个小丑一样。看到别人进步很快而自己进步很慢，确实很容易产生焦虑。我想，现实中很多人也会有这样的焦虑，总觉得自己比别人慢一步。但是每个人的身体素质不一样，年龄与接受程度也不同，学习能力有差别是很正常的一件事。

学习这件事，有人是爆发式的，有人是细水长流。不与他人攀比，与昨天的自己比，只要今天的自己比昨天的自己有进步，就是一种超越。

修炼钝感力，建立内心强大的小宇宙。不焦虑，不敏感，允许自己学习的时间长一点，进步慢一点，只要有进步就不怕路途缓慢与遥远。因为，这些看起来跨度不大的进步就像一颗颗珠子，会在某一天串成一条精美的项链，惊艳于世。

最后，想与大家分享一首网上很火的诗：《你在自己的时区里，从没落后》。

纽约时间比加州时间早三个小时，
但加州时间并没有变慢。
有人二十二岁就毕业了，
但等了五年才找到好的工作。
有人在二十五岁就当上 CEO，
却在五十岁去世。
也有人直到五十岁才当上 CEO，
然后活到了九十岁。
有人依然单身，
同时也有人已婚。
奥巴马五十五岁就退休，
川普七十岁才开始当总统。
世上每个人本来就有自己的发展时区，
身边有些人看似走在你前面，
也有些人看似走在你后面，
但其实每个人在自己的时区里都有自己的步程。
不用嫉妒或嘲笑他们，
他们都在自己的时区里，
你也是！
生命就是等待正确的行动时机，
所以，放轻松。
你没有落后，
你没有领先。

在命运为你安排的属于自己的时区里，

一切都准时。

8/26

快乐的三种境界

香港 TVB 电视台有一句通用的经典台词，就是：“做人呢，最重要的就是开心。”

心理学家弗洛伊德也说：“追求快乐是人类的天性。”现实中，我们也常常对别人说“祝你开心快乐”这样的祝福语。人人都追求快乐，但是快乐有三种境界。第一种境界是低层次的快乐，即与他人的比较中获胜的快乐；第二种境界是中层次的快乐，即战胜自己后成长的快乐；第三种境界是高层次的快乐，即无条件助人，高尚无私的快乐。

这三种境界的快乐，你目前处于哪一阶段呢？

一、低层次的快乐是与别人比较后“获胜”的快乐。譬如：别人家房子小，你家房子大，你快乐；别人的车子不如你的好，你快乐。这是一种低层次的快乐，是满足虚荣心的快乐。现实中，我们很多人的快乐都来自于此。以别人为参照物与目标，以战胜别人来获得内心的满足与快乐感。并不是说这样的快乐不好，只是有比较就会有伤害，一旦比不过别人，我们就无法获得快乐。因为，在这个世界上，一切都是变化莫测的，没有人会始终原地踏步，也没有人可以一直处于领跑的位置。一旦形势互换，快乐的位置也将互换，就很难一直保持这样的快乐了。

二、中层次的快乐是与自己比较，成长进步的快乐。我不跟别人比，我跟之前的我比，当我在不断地进步，不断地战胜自己，变得越来越好时，我就快乐了。譬如，很多人跟我说，遇见优雅仪态之后，自己好像比以前更加快乐了。

我想她们的快乐，就是一种战胜自己后的成长的快乐。即打破既往的限定，从各种束缚与定义中摆脱出来，踏入全新的优雅仪态课堂，让自己的生命获得第二次重生。

这是一种永远在路上，不断追求自我的快乐。就像大洋上的航海者，常常为这里一块礁石、那里一片浅滩惊叹，接着又奔往下一个海岛，在一个又一个海岛找到自己想要的东西，从而内心感到满足快乐。

三、高层次的快乐是帮助别人，内心丰盈的快乐。

这是一种有价值感的快乐。当一个人看到别人因自己的帮助而变得更加优秀的时候，她就看到了自身的价值。这时，她就会从心底深处升腾出一种快乐的情愫，其精神世界也会像被雨水滋润的大地一般充足丰盈，这就是人们所说的助人为乐。

根据马斯洛的需求层次理论，每个人都有五大基本需求，即生理需求、安全需求、社交需求、尊重需求、自我实现需求。我想，高层次的快乐也许就是自我实现需求的满足。臻尚美的全国分院院长、导师团队、工作团队，都是在自己成为优雅仪态的受益者后，决定将此作为自己终生事业而奋斗。赚钱的行业有很多，而能帮助人内外成长、获得价值、实现幸福的事业并不多，恰好臻尚美就是这样一个平台。

当看到一位又一位女性因优雅仪态而获得了生活的勇气与力量，拥有了生命的更多可能性的时候，她们的内心丰盈而快乐。这是一种实现人生价值，生命得到升华的快乐。

8/27 能给你安全感的，只有你自己

曾经在网上看到一个问题：安全感到底是别人给的还是自己给的？小时候，我

们的安全感可能大部分来自外界，比如我们的父母、老师、朋友对我们的爱护与关怀等等，但是成年后你会发现，真正能够给你安全感的，不是别人，而是你自己。因为，靠山山会倒，靠人人会跑，只有自己才是最可靠的那个人。

宫崎骏说：“不要轻易去依赖一个人，它会成为你的习惯。当分别来临，你失去的不是某个人，而是你精神的支柱。无论何时何地，都要学会独立行走，它会让你走得更坦然些。”

这让我想起一位民国女子，张幼仪。在与徐志摩结婚后，她事事以丈夫的意愿为意愿，一切都对丈夫言听计从，以为只有这样，他们的婚姻才能幸福长久。可是，她的恭顺却没有换来徐志摩的温柔以待，反而是反感。甚至为了追求新的恋人，徐志摩在异国他乡提出离婚，要求她打掉他们的孩子。那一刻，张幼仪终于在绝望中醒悟。她明白了以讨好别人而获得的安全感，犹如将自己置于树梢上，稍有风吹雨打就有坠地的危险。

于是，她在德国一边学习一边工作，让自己从家庭妇女变成独立女性，才找到了心中的那份安全感。回国后，她先于东吴大学任教，后担任服装公司总经理，后来又被上海女子银行聘请，担任副总裁，成为金融界的传奇女强人。

现实中，有不少女生以为嫁给一个有钱人就有了绝对的安全感。但是，所有依附于他人的安全感都存在风险。一句“我养你”既可以是甜蜜的情话，也可以是深不见底的深渊。如果没有完全独立的能力，不知道自己的价值所在，一旦别人离开了，所谓的安全感也就不复存在了。

这些年，我也见过很多把安全感寄托在别人身上，蜗居在家过着高枕无忧的日子，最后以惨败收尾的人物的故事。作家刘同说：“任何事情，不要将希望寄托在别人身上，无论是情感还是工作，否则唯一的结果便是措手不及。”

最好的安全感是给自己守护，而不是让别人来守护你。只有那些深入到自己骨子里的知识、技能、才华，才是谁也拿不走的，才能成为我们抵抗漫长岁月的武器，从而带给我们足够的安全感。

在《奇葩说》的舞台上，也有过"安全感是别人给的还是自己给的"的辩题，最终"安全感是自己给的"以高票胜出。黄执中老师说："安全感是不可能从外界获得的，我的命运不由你决定，这样的人才会有安全感。"

愿每个人都不用从他人身上找安全感，而是自己给自己安全感，拥有足够的自信去面对一切，自由掌控自己的生活。

8/28 心定方能事成

我们常常对别人说："祝您心想事成。"然而，若是真正想成就一番事业，"心想"远远不够，还得"心定"。所谓心定，就是对自我的控制——对内克制欲望，对外行动坚定。

心定则谋定，谋定则事成。只有这样，才能成就一番事业。

因博士毕业论文而走红的主人公黄国平，出生在一个贫困的小山坳里，十二岁时，母亲离家出走，十七岁时，对他不管不顾的父亲和最疼爱他的婆婆也相继去世。日子陷入无助，他不得不靠抓黄鳝来赚学费，小小年纪在无数个夜里与孤寂黑暗作伴，因经济条件不好，高中时就患上了严重的胃病。尽管日子艰难困苦，他的内心依旧无比坚定，即"活着，把书念下去，然后走出去"。在第一次高考没发挥好的时候，所有人都劝他念个普通的本科师范专业算了。而他在所有人的不理解下选择复读，最终考上了西南大学，选择了自己从初中就喜欢的计算机专业。后来，他被保送到中国科学院自动化研究所模式识别国家重点实验室硕博连读，创造了学院的保研记录。王阳明说："一切的秘密也不过是三个字：心不动。心不动的秘密也不过是一句话：收回向外追逐的目光，重新发现内心的良知，并依之而行。"

支撑黄国平走过那些漫长又苦难的日子，最终迎来美好生活的，是他始终不曾动摇的内心。

如果把人比作一棵树，内心安定的人，一定是稳稳向下扎根、努力向阳生长的人。根基扎得越深，大树才越枝繁叶茂，即使面对暴风雨，也能稳如泰山。从湖南的一个小城镇走向繁华都市，成为全国两三百家连锁企业的创始人，十年的时间里，我的内心始终都在坚定着女性事业这条道路。不管是为了追梦放弃稳定的外企工作，还是创业初期独自一人辗转于几座城市之间上课，长期与家人分离，或是别人对我轻视的声音，这些年所遇到的一切困难险阻，都不曾使我放弃。有人说：心定即是归处。

内心安定的人，是认准了一个方向，便风雨兼程。即使前方荆棘满丛，也能为自己开辟出一条鲜花盛开的阳光大道。心定，是一种临危不乱的生活状态，也是成就一番事业的关键。我们每个人都像跌落在海上的人，内心坚定，才能遇风过风，遇雨过雨，顺利靠岸；内心不坚定，或在风雨里飘摇，或漫无目的漂泊游荡，碌碌无为过完一生。

人生充满了不定性，也充满了诱惑、质疑、嘲讽……愿我们每个人都能修炼内心，成为一个心定之人。

不为外界所干扰，不被他人所左右，用定力守住信仰，让生命拥有内定力，让心境超然淡定，活出幸福快乐的自己。

8/30 女人幸福的秘诀，对别人好，对自己狠

有人说，如果一个女人只想着赚钱，那么她身上一定有故事。并不是因为她有

多喜欢钱，也不是她想当女强人，而是当她流干了眼泪，输光了感情之后才发现，穷得只剩下爱，连哭的地方都没有，也终于明白，别人的屋檐再大，都不如自己有一把伞。一个女人要想获得幸福，不是靠别人，而是对别人够好，对自己够狠。

狠是什么？

聪明的女人都知道，狠不是为难自己，而是一种自我要求、自我约束，以此不断完善自己，让自己越来越靠近自己想要的幸福人生。

屠格涅夫说，“你想成为幸福的人吗？但愿你首先学会吃得起苦”。因为，世界上所有赏心悦目的东西，比如好的身材、睿智的大脑、优雅的气质、幸福的人生，都不会白白而来，更多的是靠自己的狠心和努力。

大家都知道，娱乐圈是一个对颜值和身材要求都非常严格的圈子，我们也常常羡慕那些明星的好身材，却不知道她们为了在镜头面前显得身材更完美，脸蛋更精致，气质更绝佳，对自己有多狠，背后又为此付出了多少汗水。为了控制体重，她们往往数年如一日坚持运动，在美食面前也绝不放任自己；为了适应晚会上如星星般密集又刺眼的闪光灯，她们早已逼迫自己在黑暗的地方，训练了无数次闪光灯强烈的闪烁；为了能在才华横溢的人群中不被淘汰，她们或许从小就牺牲了许多玩耍的时间，去学习各种各样的才艺……对自己有多狠，生活就有多可爱。

我始终相信人的潜力是无限的，有时候需要对自己狠一点，逼自己一下，才能知道自己的极限在哪里，才能获得或无限靠近自己想要的幸福人生。湛江分院的海燕老师在生完二胎之后，陷入了严重的抑郁之中，不想见人，不想与社会有一丝联系，连续六个月没有出门，用她自己的话说，外面的阳光是什么样的差点都忘记了。

后来，她狠下心决定改变自己的现状，带着两个孩子——身上背着小的，手里拉着大的，走进了优雅仪态课堂。背着孩子上课的她，要比其他人付出更多。肩上的重量，使每一个动作都增加了难度；孩子不定时的哭闹，更容易分散她的注意力；当别人在休息的时候，她需要不停歇地照顾两个孩子；面对别人的质疑声，她需要在夜里默默消化掉。

在臻尚美，像海燕老师的故事，还有很多很多……

董明珠说："对自己狠一点，逼自己努力，再过五年你将会感谢今天发狠的自己，恨透今天懒惰自卑的自己。"海燕如果没有对自己狠下心，我想她大概会因为太苦就半途而废。这样，也就不会有后来她走出抑郁人生，成为储备导师站上臻尚美全国各地舞台，找到自己人生价值的故事。曾经听过这么一句话："女人不对自己狠，生活就会对她狠。"

这听起来很残酷，却是生活的真相。与其等生活的魔爪对我们下手，不如对自己狠一点，先主动出击与生活交手。这样，我们才能掌握生活的主动权，离想要的幸福更近一点。

8/31 影响人生发展的三个要素

人生于世，我们每个人都想让自己的人生充满意义，不至于在老去的那一刻悔恨人生。但是，大多数人都在碌碌无为中走完了一生，如何让人生变得更有意义，成了一辈子都在寻找的答案。想让人生充满意义，就要不断往更好的方向发展。那么，如何才能有更好的发展呢？我想，离不开以下三点：

第一是维度；第二是身体；第三是品质。

一、维度

维度，是一个人的格局与高度。如果一个人没有美好的愿景，那么他的过去就是他的未来。因为，没有愿景的人，他没有梦想，没有目标，没有计划，每一天都在浑浑噩噩中度过，把日子过成了原地踏步。

许多成功的人之所以成功，不是因为他们多有天赋，而是他们都找到了自己的人生方向，有美好的愿景，并为之不懈努力奋斗。马云的愿景是让天下没有难做的生意，所以他从一个英语老师走上了创业的道路，几经周折，一路披荆斩棘，尽管困难重重也没有放弃，直到成功。

我始终相信，我们每个人来到这个世界上都有自己的使命。因此，我们要根据自己喜欢的与擅长的，找到我们的人生使命，并为之不懈努力奋斗，实现人生价值。譬如，我喜欢优雅仪态，我的愿景是希望通过优雅仪态课程让更多女性成为中国的骄傲，让中国女性成为世界的榜样。为了实现愿景，我就把传播优雅仪态、助力天下女性更美、助力天下家庭更幸福，当成了我一生的使命。

二、身体

我们都说，身体是革命的本钱。拥有一个健康的身体，对我们每个人来说都特别重要，它是做任何事情的前提。如果一个人没有健康的身体，就算他的维度再高，也会像没有轮胎的汽车，寸步难行。

曾经蔓延全球的新冠疫情，一次又一次为我们敲响生命的警钟，它告诉我们只有拥有健康的体魄，才能更好地投入生活、爱情、事业等。影响我们身体是否健康的因素有很多，但总的来说有五大核心，即基因、环境、生活习惯、情绪、饮食。

基因无法改变，过去的生活环境也无法改变，但是我们可以改变自己未来的生活环境、工作环境、社交环境，也可以决定自己的情绪、饮食、生活习惯等，继而拥有一个健康的体魄，载梦远行。

三、品质

品质，是一种心态、一种能量。财富是能量吸引而来的，所有的美好也是能量所创造的。一个人如果要想获得成功或拥有财富，首先他得具备一个成功人士和拥有财富之人的状态，这样，他才能获得成功或吸引财富。但是一个人的品质，往往与他的成长环境有莫大的关系。正能量的人会影响别人往正能量的道路发展，负能量的人则会把人带往深渊。

我们能做的，超出常人的，与普通人可对比的，并不是有多大的能力，而是品质的好坏。品质好的人，能力会越来越强，财富也将越来越多。品质不好的人，就算拥有很多金钱，迟早还是会出事，因为品质不好，能量撑不起财富。只有正心、正念、正身、正行，才能成为一身正气的人，才能守住财富。

一个人的发展离不开维度、身体与品质，而这三者之间又是相辅相成、缺一不可的。你的维度取决于你的品质，你的身体会影响维度的变化，维度也同样会影响身体。只有这三者都达到了高标准，汇聚成一种巨大的能量，你才能走向更广阔更美好的天地。

9/4 人这一生，最该尊重的三种人

我们每个人的一生，都会和无数人相遇。

有的人相识又别离，成为彼此生命中美丽的过客；有的人始终如一陪在身边，与我们走过生命中一段又一段旅程。然而，不管是萍水相逢般的遇见，还是莫逆之交式的陪伴，这三种人，最应该得到我们的尊重和善待。

一是辛辛苦苦把你养大的人，即我们的父母。

父母是这个世界上为我们付出与牺牲最多、我们也亏欠最多的人。从我们来到这个世界上的那一刻开始，他们就在用生命爱着我们，并且不求任何回报。尽管我们都曾有过不理解他们，与他们发生争吵的时候，可是不管我们走了多远的路，经历了多少事，父母永远是那个站在我们身后默默给我们力量的人。可是，时光会流

逝，我们的父母也会变老。他们弯腰了驼背了，思维跟不上我们了，动作越来越慢，甚至会渐渐地陷入无助……因此，我们每个人都要善待父母，孝敬父母，尊重父母。对他们多一点理解与耐心，像他们小时候教我们一步一步走路那样，等等他们。

二是在你处于低谷时把你搀扶住的人，即我们的朋友。

年轻的时候，很多人会觉得朋友遍天下才是一个人最好的状态。可是走着走着，你会发现,并不是每个人都值得我们真诚以待。因为,有人对你掏心,也有人让你寒心，有人在你需要时帮你，有人却在你落魄时踩你。我们最应该珍惜和感谢的是那些心里装着你，在你处于低谷的时候没有离你而去，依旧愿意帮助你的人，是他们为你亮起了一盏灯，让你少走弯路。

对待这样的朋友，一定要怀有敬重之情，只有这样，今后的人生道路才会越走越宽，越走越顺。

三是陪伴你走到老的人，即我们的爱人。

人这一生，会认识很多人，不是你离他而去，就是他先你而走，能陪你从青丝到白头的，唯有我们的爱人。爱人，是我们在茫茫人海中灵魂相契的那个人。因为有了爱人，我们前行的路才不会那么孤单，我们的生活也因此有了不一样的色彩。

执子之手，与子偕老。与爱人相处，一定要多包容，少计较，多陪伴，少敷衍，彼此深爱，彼此尊重。莫让熟悉的彼此，成为各自人生的匆匆过客。

父母、朋友和爱人，是我们这一辈子最重要的人。我们一定要怀揣着感恩之心，尊重他们，善待他们。再生气，也别拿言语伤害他们；再冲突，也别用冷漠对待他们。

9/7 谋爱先谋生，爱人先爱己

曾经在“知乎”上看到一个话题：婚姻教会了你什么？

有一个女生的回答既残酷又真实，她说曾经天真单纯地以为只要两个人一起努力，有爱就会有一切。因此，她为了心爱的人放弃了工作，全身心投入家庭中，为他做起了最坚强的后盾，可是最后却换来对方的一纸离婚协议书与冷嘲热讽：“你都没上过班，离婚分财产，你没挣钱，也不会分你钱。”这段以美好开始、以悲剧收尾的婚姻教会她的是：谋爱先谋生，爱人先爱己。

谋爱先谋生，不是说一个人必须得拥有享之不尽的财富之后才能去追求爱情，而是在追求爱情之前或者在一段亲密关系之中，应当以足够的经济基础和丰富的物质条件做后盾。生存的能力应该先于爱人的能力。如果一个人连生存的能力都没有，那么他就不具备谈论爱情的资格，更没有办法承担起婚姻与家庭的责任。

只有独立自由地活着，才有底气去寻觅自己想要的爱情，才不会在感情的波折中处于被动的局面，才能全身心地爱别人，也才能被别人爱着。有底气的人，即使没有遇到爱情，生活也是美好且有底气的。当爱情来临的时候，也可以骄傲地说一句：“你很好，我也不差。”

爱人先爱己，不是一种自私的品质，而是爱自己，成为最好的自己，让自己身上的能量始终保持最大值，以最好的状态去面对感情。世界著名的家庭治疗师萨提亚曾经说过这样一段话：“如果你爱我，请你爱我之前先爱你自己，爱我的同时也爱着你自己。你若不爱你自己，你便无法来爱我，这是爱的法则。因为，你不可能给出，你没有的东西。”

好的爱情，不是一方在付出，一方在索取，而是两个各自圆满的人碰到一起，携手获得更大的人生边界与更丰富的人生色彩。因为，一个人只有足够爱自己、认可自己、肯定自己，他的内心才会丰盈且强大，才能为彼此的关系加持。

英国诗人王尔德说：“爱自己，是终身浪漫的开始。”人只有处理好自己与自己的关系，才能处理好自己与他人的关系，才能过上自己想要的生活。谋爱先谋生，爱人先爱己。

愿每一位女性都能懂得并践行这个道理，在爱情来临之前，先成为一个独立自由的个体，在爱一个人的时候，先好好爱自己，成为最好的自己。

9/9 做人，永远不要算计别人

曾经听过一个故事：有一对夫妻突遇死神，死神狰狞着对他们说：“你们两个只能活一个，我必须带走一个，你们自己选择吧！”这对夫妻面面相觑，不知所措。死神说：“你们俩猜拳决定生死，石头、剪子、布，谁输了谁就得跟我走！”在死神面前，夫妻俩别无他法，只能暗中商量，决定同时按“石头、 剪子、布”的顺序出拳，以此来拖延时间。

第一回合下来，死神却带走了丈夫。原来妻子为了保护丈夫，抱着牺牲自己的决心，没有依照约定出“石头”，而是出了“剪子”。她的丈夫却恰好相反，宁可牺牲妻子也要让自己活下去，没有依照约定出“石头”，而是出了“布”，最后，阴差阳错，机关算尽，反倒让自己丢了性命。

虽然这是个故事，却发人深省：隐藏私心，算计别人，往往最后都是算计自己！

《红楼梦》里有一句话：“机关算尽太聪明，反误了卿卿性命。”做人要真诚相待，否则就会害人害己。我们从小听到大的《狼来了》的故事就是如此。算计别人一次，那是别人相信你，算计别人两次，那是别人让着你，如果你还想算计别人三次四次，对不起，没人会奉陪。

一心只想算计别人的人，最后都会像放羊的孩子，等到真正的狼群来临的时候，无论你怎么寻求帮助，都没有人会再相信你、帮助你，等待你的只有悲惨的结局。有人说："信任就像一张纸，皱了，即使抚平也恢复不了原来的样子。"不要去欺骗和算计别人，因为你能骗得到的人，都是相信你的人，你能算计到的人，大多数都是真心待你的人。

两人之间的信任没有了，那么关系也就走到了尽头。人活于世，不管是生活还是职场，都不能算计别人。算计别人，或许可以在短时间让自己获利，但是从长远看，这是一种损人不利己并且消耗自己能量的行为。毕竟，没有人会一直当傻子。吃一次亏，就会看清一个人，上一次当，就能看透一颗心。一旦信任的桥梁被折断了，人与人之间就会有一条再也无法逾越的鸿沟。人际关系有时候就像一面镜子，你若对人真诚，别人自然会对你真诚，你若算计别人，别人也一定会远离你。

因此，我们与人交往的时候，算计之心不可有，应始终怀着一颗善良真诚的心对待别人。这样，才能收获爱与美好。

9/18 有什么样的选择，就有什么样的人生

人的一生会面临许许多多、各种各样的选择，甚至可以说人生处处都是选择、时时都有选择，人生就是一系列的选择过程。

小到下班后回家吃什么，大到要在哪里安居乐业，都需要我们做出选择。有人说，你现在的人生，就是由你过去大大小小的选择构成的，而你现在的每一个选择，也

将影响着未来的人生。所以，从某种程度上说，你有什么样的选择，就会有什么样的人生。

在我看来，人的一生只有一件事不能选择，就是自己的出身，其他都是自己选择的结果。从我选择创立臻尚美的那一刻起，我的命运就紧紧和它融为一体了。它不仅会成为我人生中不可磨灭的印记，也将影响着我往后岁月里的许多选择。

譬如，如果我没有选择创立臻尚美，而是一直做一名优雅仪态导师，每天上课下课，那么我想，我可能就不会成为博鳌国际女性论坛的发起人，也不会站在国际的舞台上为广大女性发声。臻尚美因我从无到有，而我也因臻尚美收获到了许多生活的惊喜与生命的感动。这就是我的一次次选择，让许多高光时刻在我生命中一次次惊喜亮相。臻尚美也是见证了无数选择，并让无数人的选择开出美丽之花的地方。

佳镱老师在臻尚美的创立初期选择加入臻尚美，从湖南跟随我到广州。三年多来，她的选择有了答案，既完成了自我嬗变，也成功转型成为一名优雅仪态导师，获得了之前从未有过的价值感。最近静静老师选择从线下课堂转到了线上直播，这是她人生新的赛道。我相信，未来她的选择会在她的努力下给她一份满意的答案。

生活是一把大剪刀，如果你没有自己的想法，没有自己的选择，那么它就会按照自己的安排来对每一个人的命运进行剪裁。那样，你有可能一辈子碌碌无为，无法过上自己想要的生活。

也许有人会说，选择不一定都是对的，万一自己的选择是一条错误或失败的道路怎么办？人生不是非黑即白，也没有绝对的正确与错误。而且，人不要害怕犯错误，人的成长，就是一个从小不断犯错误又不断改正错误的过程。在没有触碰法律底线的前提下，即使选择的过程会夹杂着痛苦，或者选择的结果不是你想要的，但那都是人生丰富的经历，会成为人生的另一笔财富，是一种让生命迸发出无限活力的强心剂。

挪威作家易卜生说："社会犹如一艘船，每个人都要有着掌舵的准备。"

命运是由自己决定的，人生的钥匙不是别人给的，而是你自己选择的结果。因此，当我们可以为自己的人生做出某种选择的时候，不妨大胆去做出选择，并为之努力奋斗。你的人生会因一次次选择而步入崭新的旅途，也会在一次次的选择中获得意想不到的收获。

9/24 人生不设限，精彩才无限

前几天的极致天后班毕业晚会，我无意间听到一位姐姐和同行的姐妹说：“我从小没学过舞蹈，四肢僵硬得像钢铁一样，没想到自己也能顺利毕业。”原来，这位姐姐在报名之前，内心经过了长时间的犹豫与挣扎。她担心自己的身体吃不消、跟不上课程，害怕不被身边的人理解，等等。可是，当她跨出那一步之后，发现其实也没有想象中那么难。

尽管一路走来有不少的磕磕绊绊，但总的来说都比她之前预设的要顺利很多，也收获了许多。我想，在我们身边应该有很多像这位姐姐一样的人。在做某一件事之前会在心里给自己预设某种不好的结局，或者认为自己这也不行那也不行，思想禁锢在这种消极意识中，迟迟迈不开行动的步伐。有人说，生活中的坎是不难跨越的，真正难跨越的是心里的坎。很多时候，我们觉得自己不行，其实不是我们没有能力，而是我们在心里给自己设置了一条无法跨越的坎。

我们能够胜任什么，不能完成什么，本没有限制，所以不要用固有的条框限制住自己。精彩的人生不设限，唯有放手一搏，才能成就无限可能。

我很认同一句话：“别急着给自己设限，因为我们都不了解自己。”人的潜能是无限的，千万别给自己设限，不然到最后，打败你的不是别人，而是限定中的自己。只有不给自己设限，才能不断开启新人生。

刘涛在综艺节目《披荆斩棘的哥哥》中担任主持人，再次让人眼前一亮。从文艺兵到演员，从演员到歌手，再到跨界做主持人，她说她从来不给自己的人生设限。正是她这种不给自己的人生设限的精神，让她在更新迭代如此频繁的娱乐圈中站稳脚跟，占有一席之地。人生如同一艘船，我们每个人都是掌舵者。是停留在小江小河，还是驶向广阔的大江大河，决定权都在我们自己的手上。每次毕业晚会，我都被深深地感动着，因为我看到了那么多姐妹不给自己的人生设限，一次又一次突破自己，迎来了全新的人生。

她们不给自己设限，有的从家庭走向人生新的赛场，有的跨过年龄障碍像年轻人一样始终保持活力，有的从其他行业转型到优雅仪态行业从零开始……从她们身上，我一次次感受到了人生的宽广。只要走出去你就会发现，我们在心里筑起的那道墙根本不存在。电影《阿甘正传》里有一句台词：“人生就像一盒巧克力，你永远不知道下一块吃到的是什么味道。”

不给自己的人生设限，拿出勇气打破对自己的限制，你就会挖掘出自身被掩埋的潜能，攀登到人生的另一个高度。

人生无边界，精彩无限界。愿我们每个人都有突破自己的勇气，去找到真正属于自己的幸福和光彩的人生。

10/19 靠自己生活，灵魂都是安宁的

路遥说：“靠自己生活，灵魂都是安宁的。”在他的著作《平凡的世界》中，孙少平就是这样一个人物。处于一个动荡艰辛的年代，又生在一个烂包光景的家里，孙少平在毕业的时候，本可以靠着仰慕他的、家庭条件优越的侯玉英去获得一份体

面的工作，而他遵从自己的本心，毫不犹豫地拒绝了这个机会，并回到家乡做临时教师。后来，从农村走向城市，他也可以靠着心爱的姑娘田晓霞的帮助，远离那些在工地背石头、在煤矿挖煤的辛苦又危险的底层生活。而他最后依然没有选择走捷径，因为在他的世界里，无论环境如何、有没有依靠，个人的奋斗都是要排在第一位。只有靠自己的双手创造出的生活，才最安稳、最有成就感。就连他喜欢的田晓霞也是这样一个人：父母都是有权有势之人，一句话就可以让她获得体面又惬意的工作，可她没有这样做，而是靠自己的努力到一家报社从最基层干起。

我见过一些有钱却不快乐的人。他们过着衣食无忧的生活，开豪车、穿名牌，每天流转在不同的高档场所。他们表面上光鲜亮丽，但却总是患得患失，总是害怕自己的伴侣出轨不爱自己了，生怕哪天离婚了自己一无所有了，等等。就像电视剧《三十而已》里面刻画的那一群富太太一样：冠以夫姓，活在丈夫的价值半径里，刨一份优越感，聚在一起炫耀比较。表面都是岁月静好的模样，可是剥开了华丽的外表后，却看到了她们的灵魂深处时刻都在翻涌的惊涛骇浪。

在现实生活中，有不少女生希望靠婚姻改变生活。可是她们往往只看到了表面，却没有想过这种依附他人的生活，有时候就像走在刀尖上一般危险。只有靠自己生活，才是稳稳的幸福。

“知乎”上有一个话题：“为什么现在越来越多的女性不愿意结婚？”网友们各抒己见，答案区纷纷籍籍。新时代的女性已经越来越强大，她们可以靠自己的双手创造理想的生活，为自己撑起一片天。独立、向上、奋进，是她们对抗世俗婚姻的筹码，是她们抵抗漫长岁月敢于一个人生活的底气。她们的安全感不再来自男人或家庭，而是靠自己。在她们的灵魂深处，爱情对她们来说不是必需品。如果遇上了那就是锦上添花，没有也可以很好地过完一生。

曾经有一位网友吐槽杨丽萍作为一个女人，这辈子最大的失败就是没有生儿育女。当时，这位网友的评论遭到更多网友的回击。我想，杨丽萍的灵魂是安宁且强大的，她不会因为谁的攻击、抹黑就改变自己的生活轨道。她有自己热爱无比的舞蹈事业，可以依靠自己的双手创造理想的生活，有足够的能力和底气按自己喜欢的方式过一生。

成年人的世界，不存在永恒的靠山，我们每个人最强的靠山就是自己的努力和独立。如果你想获得心灵的安稳与灵魂的安宁，就要放弃对别人的期待，靠自己而活。

10/20 你处理的事情，体现着你的价值

曾经听到有人抱怨自己工作繁琐，每天的生活是千篇一律的两点一线，像被上了发条转圈的秒针，循环又毫无意义，想放弃工作却又不得不屈服于沉重的生活压力，这常常令他处于崩溃的边缘。

其实，我们每个人都应该明白一个道理，只要活着，总有一些事情是需要每天重复的，譬如吃饭、睡觉。地球上的很多事物本身就是个大循环，周期长短有别而已。重复循环不代表没有意义和价值。在我看来，一个人每天解决各种不同的事情，每天解决完一件事还可以解决另一件事，看似重复循环，其实是在证明我们的价值。

2020 年初的那一场新冠肺炎疫情，让我们知道了工作带给人的安全感和价值感。当时，全民居家隔离，没有了工作的烦恼，每天睡到自然醒。表面上是一种享受，心里却像上了刑被折磨着。当一个人一整天无所事事的时候，短时间内可能会带给一个人愉悦的感受，但从长远来看，这种毫无价值感的生活必将带给一个人精神上的困扰。

为什么很多人退休后就陷入了一种迷茫和空虚，我想原因之一就是，当他们从一种忙碌、自律的工作环境中抽离出来时，觉得自己不再被需要了，不再产生任何价值了。同理，很多家庭主妇也常常认为自己没有任何价值可言。原因在于，她们

的付出不被人看见和认可，她们忙碌被人认为是作为母亲的本能付出，没有任何价值评判标准。工作的价值感往往来自两个部分，一个是投入工作的时间和精力带来的充实感；另一个是通过工作成果的呈现带来的被肯定和称赞的感觉。

美国社会心理学家亚伯拉罕·马斯洛谈起过一种神秘的“高峰体验”，就是我们平常所说的成就感。但无论是哪一种价值感，基本上都不会来自“被迫工作”，而是来自自己的主动完成与成长的感觉。首届博鳌国际女性论坛上，主持人也问过我从筹备到论坛正式举办，这过程又忙又累，为什么我还能投入如此大的热情？

除了这件事本身的意义重大，它也让我们感受了自身的价值。因此，我沉浸其中，抱以最大的热情与决心，不厌其烦地去解决一件又一件事。我始终认为，一个人处理的问题越大，就说明他的能力价值越大。

当一个人想获得高价值感，他会不断地去挑战与突破，对遇到的困难总能抱以乐观积极的心态迎难而上，从而让自己不断成长，飞往更高的天空。

因此，我们应该珍惜每一份工作，享受每一份付出，不断成长，提升自己解决问题的能力，让自己的价值得到最大呈现。

10/23 认真地年轻，优雅地老去

“知乎”上有一个话题：“怎么样才算不枉一生？”有一位女生的答案我很喜欢，她说：“认真地年轻，优雅地老去。”这一句话，让我想起了杨绛先生。曾经，有作家为她写了一本书，叫《认真地年轻，优雅地老去：杨绛传》，这本书娓娓道来杨绛先生的百年人生历程。不了解杨绛先生的人，会以为她的名气是沾了钱锺书的光。了解她的人，都知道她热爱文学，从小就养成了阅读的习惯，在学校读书时出类拔萃，

婚后一直在读书学习，一生都与文字相伴。她精通英语、法语、西班牙语，翻译和研究了许多国外文学作品。甚至，她成名也比钱锺书早。

后来，她的丈夫、女儿相继去世。备受打击的她也没有荒废岁月，而是依旧认真地生活，在文字里思念亲人、思考人生，九十多岁后还陆续出版了三本书。每一次出现在大家面前的她永远都是那么端庄得体，优雅从容。她在平凡的岁月里从容、优雅地度过了一生。杨绛先生说：“一个人经过不同程度的锻炼，就获得不同程度的修养、不同程度的效益。”只有年轻的时候认真对待岁月，岁月才会在你老去的时候，馈赠你优雅与从容。

奥黛丽·赫本是无数人心目中的女神。小的时候她不爱说话，性格有点孤僻。她的母亲希望她能开朗起来，做一个开心的孩子，于是送她去学习芭蕾舞。后来，奥黛丽·赫本真心地爱上了芭蕾舞，并梦想成为一名专业的芭蕾舞演员。为了实现心中的梦想，无论是课前还是课后，她都尽最大的努力，比任何人都更勤奋地去学习芭蕾。

在面试《罗马假日》的时候，几乎所有人看到她之后都由衷地感叹：公主就应该像她那样，漂亮、优雅而有内涵。晚年的时候，即使她的容颜已经苍老，可是深刻在骨子里的优雅与善良，却从未随着时间的流逝而流逝。她依旧那么优雅、得体、善良、与众不同。赫本的一生，除了留给世人优雅美丽的形象，她还致力于慈善事业，始终坚持为儿童的生存权利而奋斗，直到她生命的最后一刻。年轻的赫本认真、努力，不辜负每一寸时光；晚年的她，以优雅、善良，表示了对时光、对世人最大的尊重。

在臻尚美，我看到了许多优雅的姐姐，她们在退休之后，不被年龄限定，勇敢自信地走进优雅仪态课堂，热爱生活，优雅地老去。

有人说：“如果还没有来得及认真地年轻，那就优雅地老去。”愿每一个人，年轻的时候都能不辜负每一寸时光，认认真真地热爱生活，去邂逅最美的自己；老去的时候，面对时光的流逝，也能老得优雅端庄，老得从容不迫。

10/29 以善念善心为本，能走得更远

古人云：善不积不足以成名，恶不积不足以灭身。意思是，不做大量有益的事情就不能成为一个声誉卓著的人，不干坏事就不会成为毁灭自己的人。虽然不要求我们每个人都成为声誉卓越的人，但每个人都应该心存善念，以善心善念为本，去为人，去做事。存善念，做善事，可以让我们走得更长久。

稻盛和夫说：“以善念善心为本，人生必然成功。”不管是做人还是经营企业，善心善念必不可少。一个负责任、有担当的企业离不开慈善事业，一个成功的企业也会参与各种慈善事业的建设。我们熟知的企业，如腾讯、阿里巴巴、华为等大企业，都有自己的慈善事业。

除了积极参与慈善事业，企业的发展也要向善。曾经，腾讯内部有人提出一个问题：是不是应该把“科技向善”四个字植入腾讯的使命和愿景？腾讯总部为此展开了一场长达四个小时的讨论，最后，马化腾站出来说：当年创办腾讯的时候，想做的是一家‘最受人尊敬’的互联网公司。现在到了一个不一样的时间段，我们的产品经理，我们每一个腾讯人，如果不去相信科技向善的话，那就很麻烦了。

在2018年度腾讯员工大会上，腾讯微信事业群总裁张小龙在发布演讲时也说道：善良比聪明更重要。因为AI比你更聪明、更懂套路，但你可以比他更善良。企业的发展以善念善心为本，才能朝着良性的方向发展。

有人说走进臻尚美，是始于企业名字，敬于创始人的大爱，久于专业素养，忠于企业文化。“助力天下女性更美，助力天下家庭更幸福”不仅仅是一句口号，更是实实在在的行动。从设立每月三日为公益日，号召全国分院参与公益活动；到为学校、社区、医院等地方免费上公益课，为女性撒播优雅仪态的种子；再到发起博

鳌国际女性论坛，为女性、为社会贡献绵薄之力。

这一路，臻尚美始终都牢记着“真、善、美”这三个字。这也是为什么臻尚美能在短短几年间，吸引那么多同频的人一起传播优雅仪态的原因。与人为善，予己为善。我始终相信，以善心善念为本，能让人走得更远，能让企业走得更稳。如果一个人心中没有善，只讲究利益为上，可能在短时间内能获取一定的利益；但如果想走得长久、稳妥，心中的善就会在心里时时刻刻为你画上一条界线，告诉你什么可为，什么不可为。

心中有善，心中就有了约束，有了约束，才能使人走在正道上。

我们总说：善有善报，恶有恶报。心中有善，并予以行动，其实也是在成全自己。

11/2 人生重要的不是站在什么位置，而是朝着什么方向

古希腊伟大的思想家、哲学家柏拉图曾经提出过人生终极三问：“我是谁？我从哪里来？我要到哪里去？”其实，人生重要的不是站在什么位置，而是要朝着什么方向。只有方向对了，你所做的一切才会有意义，才能得到想要的回报。如果方向不对，很多努力都可能是徒劳的，也根本抵达不了想要去的地方。

南辕北辙的故事，相信每个人都听过。从前有一个人，他带足了盘缠和粮食，备好了马车，要从魏国到楚国去。楚国在魏国的南面，可是这个人却让马夫赶着马车往北面走去。路人得知他要去楚国，纷纷提醒他方向不对，去楚国应该往南方走。那人满不在乎地说：“没关系，我的马快着呢！”路人说：“方向不对，就算你的马儿跑得再快，盘缠再多，车夫本领再好，也到不了楚国呀。”不管路人怎么劝阻，那个一心只想赶到楚国的人都听不进别人的话，依然义无反顾地往北面走去。

这个故事告诉我们：无论做什么事，都要看准方向。只有方向对了，你才能到达自己想要抵达的地方，如果方向不对，那么再有利的条件也只会起到相反的作用。

世界上有很多人每天都忙忙碌碌，可最终一事无成。一个关键因素就是他们不知道自己努力的方向是否正确，是否把努力放在了对的方向上。

同样，西游记的故事也告诉我们，明确前进方向是多么重要。去西天取经的四个人中，孙悟空、猪八戒、沙僧都比唐僧本领强，可是你会发现这个团队的“团魂”，其实是看起来弱不禁风、没有什么本领的唐僧。在孙悟空赌气回花果山、猪八戒贪恋美色回高老庄、沙僧犹豫不决的情况下，只有唐僧依然坚定着自己的前进目标。因为他知道自己从哪里来，要去往哪里，并且要怎么做。那句“贫僧自东土大唐而来，去往西天取经”并不是一句简单的回答，而是他坚定的信念和正确的朝向。这比那些高强的武功都重要。

曾经我也很迷茫，做过很多尝试和努力，可最终好像都没有什么起色。直到我遇见了优雅仪态，重建了内心的使命，我才知道自己走在了一个正确的方向上，顺着这条路走下去，我就可以实现自己的梦想。

朝向对了，让自己走在一条向着光的道路上，即使路再漫长，也会有源源不断的动力。因此不管是创业初期的艰辛，还是困难时期的咬紧牙关，抑或是对未来发展的展望，我都能坚定自己的内心。

不管你身处什么位置，只要你的朝向是对的，那就勇往直前，相信你付出的汗水一定可以让你的人生拨云见月，迎来柳暗花明。

11/5 把心管理好，人生自圆满

有人说："心如工画师，能画诸世间。"我们每个人的手上都有一支画笔，你的心如何，你人生的画卷就会如何。如果你能把自己的心管理好，你的人生也将跟着美好。心具有强大的力量。当你全身心投入或专注于某件事而不受任何杂念干扰时，心就会生出一股巨大的能量。

一代心学宗师王阳明在五百多年前，就向世人展示过心的力量之强大。在平定"宁王之乱"后，王阳明并没有得到皇上的认同，反而招来了许多奸佞之臣的嫉妒与陷害。

在与奸佞之臣周旋时，曾发生了这样一件事：张忠和许泰命令自己从北方带来的军队，每天到王阳明的府衙门外对他进行各种辱骂，想以此手段逼迫他。王阳明却不为之所动，并主动打开府衙的大门，像往常一样依旧为学生上课，讲心学，丝毫不受之影响。当时呈现出了这样一番景象：门外各种污言秽语的辱骂，门内王阳明和学生谈笑风生。刚开始，他的学生十分气愤，后来学生们也渐渐受到老师气场的影响，自动屏蔽了门外的骂声，沉浸在老师的讲授中。除此之外，更令人意想不到的是，门外原本带着辱骂任务而来的北军，竟渐渐被王阳明的气场所折服，并被他的心学所吸引，主动抗命不骂了。王阳明的故事告诉我们，只要坚定内心，不为外界所干扰，你的世界就还是原来的世界，你的心若被他人左右，那你的世界就会被别人所影响。

电影《阿甘正传》中的阿甘为什么能成功？我想主要是因为他内心足够坚定。他的妈妈和珍妮告诉他："危难的时候要跑，不要停下人生的脚步。"尽管他是大家眼中的弱智和白痴，被人欺负，被人嘲笑，可他始终把这句话放在心上，并当作人生箴言去付诸实际行动。用心铭记，用力奔跑，阿甘最终跑出了自己，在多个领域创造了奇迹。稻盛和夫说："把心管理好，人生自圆满。"

其实，我们每个人的智商都差不多，但是在同一件事上的收获大小，其实取决于他的用心程度。你用心待人，别人也会用心待你；你用心做事，事也容易做成。心是万物的创造者。

你若心无旁骛，事将有所成；你若心不在焉，则一无所获。

愿我们每个人都能把自己的心管理好，做一名出色的工画师，画出最美的人生画卷。

11/10 拒绝年龄焦虑，享受成长带来的力量与智慧

生日还未真正到来，就陆陆续续收到了不少朋友的祝福。有朋友说：你又长大一岁了。焦虑语气间既有祝福但又透露出一丝伤感。她说："30 岁以后的人生像是开了倍速一样，焦虑走在了我们脚步的前头。"

年龄好像是女人永恒的话题，而大家感慨最多的就是年龄焦虑。其实，我们不应该因为年龄的增长而焦虑，而是应该享受成长的过程带给自己的力量与智慧，保持对生活的热爱与勇气。

刘敏涛是我很喜欢的一位演员。她从小家教严格，一路认真读书，中央戏剧学院毕业后很幸运地拍了几部大戏，在事业的高峰期遇到了爱情，顺理成章地结婚生子，然后回归家庭相夫教女，成为一位标准的贤内助。四十岁的时候复出，重新回到阔别已久的娱乐圈。别人都说她的这份"中年叛逆"来得晚了一些，她却说一切都刚刚好。四十岁的她，经历过少女时期的纯粹和美好，也被生活和婚姻磨砺和浸润过，有了自己成熟的思考，对自己人生的掌控感也不像年轻时候那么不自信。她不再是

那个小时候对父母言听计从，结婚后对丈夫百依百顺的女人。她为自己的人生注入了不同的活法，重新捡起事业，尝试不同的角色，接受一切新事物。以前不能诠释的角色，现在因有了岁月的浸润和生活的磨砺，她可以演绎得更好、更真实并深入人心。毛不易在《奇遇人生》里说：“四十岁就是新的二十岁。”对于刘敏涛来说何尝不是这样呢？永远保持向上，去追逐梦想，不管多少岁，都是最好的那一岁，焦虑就不可能比我们走得快。

在东京奥运会时，有网友说：“这届奥运会彻底治好了我的年龄焦虑。”尽管奥运赛场上有许多年轻的选手拿下奖牌，但依旧有许多老将也在不服输地拼搏着。看到他们，再也不会说什么“老了不想动了，想放弃”之类的话。三十二岁的苏炳添，其百米成绩从最初的 10 秒 33 到打破记录的 9 秒 83，他用了十二年的时间。同样 32 岁的巩立姣拿下女子铅球冠军的时候，哭着说：“我练习铅球练了 21 年。人一定要有梦想，万一实现了呢！”梦之队的王涵，从里约到伦敦，一直扮演着替补选手的角色，在其他同龄选手几乎都退役的时候，她依然坚持，终于在三十岁这一年站上了奥运的赛场，拿下三米跳板双人赛冠军。

年龄不是限制人生的因素，限制人的是那个对着时间哀怨却无动无衷的自己。阚清子参加演讲时说，三十岁以后，她发现自己的人生才刚刚开始，她拥有了二十岁没有的智慧、力量和勇气，现在的她更知道自己想要什么。三十岁后的她，不再为年龄而感到焦虑。因为她清晰地认识到，年龄增长的过程，其实就是一个人成长的过程。

一个享受自己成长过程的人，应该为自己的成长而感到自豪。我们也应该心怀感恩，带着这些力量与智慧，继续往前奔跑，奔赴更美好的人生。

这些年我也愈发喜欢岁月带给我的力量。曾经有人问我：你愿意回到十八岁吗？我的答案是不愿意。我怀念十八岁的纯真，但也不会因为年龄而感到焦虑。岁月给我带来了更多的阅历和智慧。长大让我对自己的人生有了更强的掌控感，就像蔡依林说的那样：四十岁真的感觉好极了。

我们每个人都应该清晰地认识到，岁月不可抵挡，唯有认真过好每一岁，才不会让焦虑占了风头。

11/11 爱自己，是终身浪漫的开始

九月份的时候，心空间发过一篇叫《谋爱先谋生，爱人先爱己》的推文。其中引用了英国诗人王尔德说过的一句话：“爱自己，是终身浪漫的开始。”只有爱自己，成为最好的自己，才能去爱别人，爱生活。

那么，如何爱自己呢？爱自己绝对不是超额透支，所谓的衣食住行给自己最好的，而是从内而外的一种自我接纳和自我关爱。接纳自己的身体和外在，不为外界的评价所困。

我们知道，这个社会的审美是多元的而不是单一的，试着去接受自己的容貌，找到属于自己的特点或美丽，然后通过一些穿搭、化妆等方式，去展现你独特的美。杨天真作为一个“大码”女孩，她不仅自信，而且发起过一则综艺叫《大有可为的我》，吸引了许多“大码”女孩参加。她们过去也许有过自卑，但是站在镜头前的那一刻，她们都接纳了自己的不完美。这让我想起了演员朱茵，有人问她会不会因为身高而感到自卑，她的回答是：不会，因为身高是自己所不能决定的。她坦然接纳自己身体的全部。

学会接纳自己的身体和外在，从心底爱自己，有自己的处世标准和节奏，不被外界的看法所打扰。不要一直苦苦纠结于自己的不完美，否则可能就会错失生活的很多美好。

相信自己的能力，并学会投资自己。真正的爱自己，一定伴随着自我能力的提高。

我们不应该把时间浪费在怨天尤人上，而应该把时间和金钱投在那些长远来看能给你带来更大提升的事情上。比如说，通过阅读提升自己的眼界，上一些职业技能培训课程以提高工作能力，或者培养自己的兴趣爱好、提升个人魅力。

找到并投资那个既可以证明你自己，又可以让你闪闪发光的能力。常常有人跟我说，学习优雅仪态后带来的不仅是体形上的改变，还有内心的改变和生活的改变。有人突破了自己的性格，有人获得了更好的就业机会等等。

我想，这就是投资自己的最好证明。把自己当回事，学会关注自己的感受。

很多人在与人交往中是一种付出型的人格，总是优先考虑别人，为别人付出很多，最后却委屈了自己。有时候，关注别人胜过关注自己反而得不到别人的珍惜。我们每个人都应该先关注自己，再去关注别人，也不要一味地为了照顾别人的感受而忽略了自己。

也许有人会说，这不是自私吗？关注自己不等于无视他人。很多关注别人的人其实心里是不甘的、不开心的，而基于吸引力法则，你会吸引来更多这样的同频的事情，因而生活得很痛苦。

著名的家庭治疗师萨提亚曾经说过：“如果你爱我，请你爱我之前先爱你自己，爱我的同时也爱着你自己。你若不爱你自己，你便无法来爱我，这是爱的法则。因为，你不可能给出，你没有的东西。”

所以，去爱自己吧，让自己成为浪漫本身，然后才能给身边的人乃至这个世界带去浪漫。

11/17

人，永远是相互的

曾看到一则很暖心的新闻：浙江大学一名博士生在网上购买橘子，沟通中店主得知买主买橘子是为做科研，于是决定免费寄送一箱，还说“帮不了国家大忙遇到了就出点力”。这位博士生被店家的善举深深感动，将其与店主的聊天截图发到校内论坛上。令人意想不到的是，校友看到后“涌泉”相报，争相购买店家的橘子。后来，更多网友知道后，也纷纷去店主家“野性消费”，生意火爆，店主直呼大家“理性消费”。

这件事让我觉得心头一热，除了每个人都在用自己的方式爱着我们的国家，更让我明白了一件事：人，永远是相互的。你对别人的真诚，最终也会换来别人对你的善意。这让我想起了曾看到的另一则新闻：中山市一家公司发出通告，给所有员工调升 28% 的工资，不论职位，不论工龄，即日执行。在大家纷纷感叹这家公司的老板是“中国好老板”的背后，还有一个“真心换真心”的暖心故事。原来因为疫情，橡胶价格直线暴跌，这家公司前年订的几千吨橡胶差点卖不出，资金链眼看就要断掉。员工们得知情况后，纷纷从家里拿钱供公司周转，并且把公司当成家一样，拼命干活，将公司救了回来。而让员工做出这一举动的背后，又是因为平日里这家公司的老板对每一位员工都很好，他们不忍心看到这么好的人所办的公司因不可控因素而倒闭。终于行情好转，公司度过了难关，老板也决定给员工涨薪。

人与人相处靠的是真心。你是如何待人的，别人也会如何待你。你若是对别人真心，别人也将真心付于你。

纪录片《人世间》中有一幕令我感动不已：六十岁的老人戴照章为了筹集六十万医药费给患尘肺病的儿子换肺，不得不向村里人借钱。村里人得知他们需要筹集药费，纷纷慷慨解囊，一天之内就把钱凑齐了。当戴照章要为他们立下借据的时候，所有人都拒绝了，都说相信他，并让他们安心治病。看到这儿，网友们感叹道：这一家子一定是善良的人，肯定经常帮助别人，不然别人怎么可能那么信任他们，借这么多钱给他们。

我们知道，好的人缘、好的关系，一定是有条件的。如果你从来没有善待过别人，那几乎不可能换来别人的善待。人生于世，万事万物都是相互依存的，人心和感情亦是如此。

你若想得到，就要先付出。你若想被人爱，就要先学会爱人。你若想得到别人的善意，就要先让对方感受到你的善意。只有真心才能换来真心，善意才能换来善意。

因为，任何一份好的感情，都是真心换真心；任何一段好的关系，都是你敬我一尺，我还你一丈。世间所有的幸福都是靠真心换取的。

11/18 45 度处世，90 度做事，180 度为人

古人云：“欲知平直，则必准绳；欲知方圆，则必规矩。”人生于世，不管做人还是做事，我们每个人的心中都应该有一杆秤，把握好轻重与分寸。

首先，是 45 度处世。45 度是一个锐角。处世要谦虚，不张扬，对待万事万物都心怀一颗谦卑之心。如果一个人为人骄傲张狂，总摆出一副高高在上的样子，那么他会把自己陷入孤立无援的境界。哲学家别林斯基说：“一切真正的和伟大的东西，都是纯朴而谦逊的。”越是成熟饱满的稻穗，越懂得弯腰；越是本领厉害的人，往往更谦虚。

杨绛先生一生创作了很多作品，也翻译了很多国外的优秀作品，人人都说她是“最

贤的妻，最才的女”。虽然著作颇丰，但她为人始终怀着一颗谦卑之心，没有丝毫自大的样子。在《杨绛全集》的自序中，她直接表明自己“不是专业作家；文集里的全部作品都是随遇而作。我只是一个业余作者”。

杨绛先生的谦虚，也是她留在人们心中美好形象的加分项之一。

其次，是90度做事。90度是一个直角。做事公平公正，光明磊落。身上有正气，心中有正义。曾经看过一个故事：春秋时期，有一个叫南阳的地方缺一个县官。晋平公问当时的中军尉祁黄羊：“你看谁可以当这个县官？”祁黄羊说：“解狐这个人不错，为人正直清廉，他适合当这个县官。”晋平公很吃惊，问祁黄羊：“解狐不是你的仇人吗？你为什么还推荐他？”祁黄羊笑答道：“您问的是谁能当县官，不是问谁是我的仇人呀。”晋平公深以为然，于是派解狐去南阳做县官。解狐上任后，为当地办了不少好事，受到南阳百姓的普遍好评。在公事面前，不以个人恩怨而置一方百姓不顾，这是祁黄羊的大公无私与公平公正。现实中，我们也应该成为一个讲求公平公正之人，只有这样，才能得人心、成大事。

最后，是180度为人。180度是一条直线。要求我们做人有底线，坦坦荡荡，不居心叵测，不拐弯抹角，真诚地对待每一个人。如果一个人没有底线，那么他为人处世就会没有原则，为了达到目的不择手段，其所作所为可能会伤及他人。生而为人，不论身处何地，我们都要坚守自己的底线，坦荡为人。

“双减”政策让教培行业陷入了寒冬，而在这样的艰难时刻，不同的教培机构做出了不同的选择：有的机构“携款潜逃、连夜消失”，对员工以及报名的学员置之不理；有的机构则依旧坚守底线，肩负起一个企业该有的责任。相较于那些“连夜消失”的机构，新东方的创始人俞敏洪做了三个决定：对已缴费的学生家长，承诺无条件按比例退款；对于报名后未开课程的退费要求，无条件给予退费；将近八万套课座椅全部无偿捐出。

不管时代如何裹挟着人们往前走，哪怕自己正身处狂风暴雨之中，俞敏洪依旧坚守心中的底线，对员工负责，对学员负责。即使退场，也念及他人，给别人送去温暖。

11/23 格局越大，人生越宽

分享一个故事：有一个徒弟经常向师傅抱怨生活中的各种琐事。他的师傅见他每天都很痛苦，想开导他一番。于是派了徒弟取一些盐回来。徒弟取盐回来后，师傅让他把盐倒进水杯里，然后喝下去，问他味道如何。徒弟喝了一口便吐了出来，说咸得难以喝下去。师傅笑而不语，继续让徒弟带一些盐，跟自己到湖边去。来到湖边后，师傅让徒弟把盐撒进湖水里，并让他喝一点湖水。徒弟喝完湖水后，师傅问他："有什么味道？"徒弟回答："很清凉。"师傅继续问他："你尝到了咸味了吗？"徒弟说没有。师傅说："人的痛苦如同这些盐，有一定的数量，既不会多也不会少。我们承受痛苦的容器大小决定着痛苦的程度。所以，如果你感到痛苦，不妨把承受痛苦的容器放大些，不是一杯水，而是一面湖。"自此以后，师傅再也没有听到过徒弟的抱怨。

我们每个人的一生都会遇到很多大大小小的烦心事，而一个人的格局越大，他的烦恼就会越少；反之，一个人的格局越小，他就会什么都在意，什么都计较，烦恼自然会像一地鸡毛那样多。

就如我曾经在院长会议上和大家分享的：一个人站得越高，他听到的杂音就越少，看到的风景才会更美。如果你不把自己的格局放大，始终停留在山脚下，你听到的就是一片嘈杂声，你很难不被这些声音左右。

主持人陈铭分享过他亲身经历的一个故事：有一年六一儿童节，他精心挑选了几张女儿的照片发到网上。在一片祝福声中，有一个网友的评论却不堪入目。他很生气，于是想以骂还骂。他的妻子知道后，对他说："你骂了他，和他又有什么区别？而且，你想过后果吗？"陈铭听后恍然大悟。如果自己不理会这样评论，很快它就会被淹没在茫茫的评论大海里，如果自己非要和他互相对骂，那么可能会更加影响心情和浪费时间。而且，自己作为一个公众人物，一言一行很容易被别人放大，有可能会引起更多人的围观，要是被不怀好心的人断章取义，那后果会更加不堪设想。陈铭这么一想，便释怀了，用原本准备和那位网友"死磕到底"的时间和精力来陪伴妻子和女儿。

格局越大的人，往往越不容易被琐事牵绊。有句话说得好："欲成大树，不与草争；将军有剑，不斩蝼蚁。"

格局大了，胸怀也跟着宽广起来，能包容的事物就越来越多，想计较的事就会越来越少。这样，生活的烦恼才会少一点，明朗的日子才会多一点。

11/24

心越简单，人生就越快乐

一个俗人问一位高僧："人，如何才能得到快乐？"高僧答："一切皆由心生，心若简单，人就幸福。"

这让我想起了一个很有趣的故事：在英国的一个乡村，有一对清贫的老夫妇，有一天他们决定把家里唯一值钱的一匹马，拉到集市上去换点更有用的东西。在集市上，老头子先是用那匹马换了一头母牛，又用母牛去换了一只羊，再用羊换来一只鹅，又把鹅换了母鸡，最后用母鸡换了别人的一大袋烂苹果。当他扛着一大袋烂苹果来到一家小酒馆歇息，在和别人闲聊的过程中聊到自己的赶集经过时，旁边的两个英国人听到后哈哈大笑，说他回去肯定会挨骂。可老头子非常坚定地说自己绝对不会被骂。两个英国人不信，于是跟老头子回家一探究竟。老婆子见老头子回来了，非常开心。她兴奋地听着老头子讲赶集的经过，每听到老头子讲到用一种东西换了另一样东西的时候，她都满足欣喜和赞叹。最后听到老头子背回了一袋腐烂的苹果时，她没有露出任何的不愉快，依然笑着说："我们今晚可以吃到苹果馅饼了。"

生活中，很多人常常会觉得自己不幸福、不快乐，主要是这些人不能以简单的心态看待自己的生活。如果故事中的老婆子对老头子换掉的东西念念不忘，并责怪老头子以大换小、以好换次，那么我想她也会很痛苦。

人生不是唯富有才能获得真正的幸福。有钱固然好，但更重要的是拥有简单看生活，对成败得失豁达处之的心态，如此才能获得真正的幸福和快乐。

我常常听到有人说来到臻尚美后，自己好像比以前更快乐了。这是为什么？我想，关键在于她们都把自己的心打开了，心也更简单了。走进臻尚美之前，可能她们在意的事很多，纠结的事很多，放不下的事很多。那些琐碎的小事像密密麻麻的线，在心里来回拉扯，人自然跟着纠结起来。人一旦陷入纠结中，就如同走进了沼泽地，一只脚还未完全拔出来，另一只脚又深深陷了进去，越用力挣扎，就越难拔出来。这样的人生很难快乐。

走进臻尚美之后，她们在学习中给自己的心做减法，"清理"自己的内心，去除杂念，舍弃纠结，拥有了更简单的心态。

简单的心态，其实跟我们做菜是一个道理。并不是放的佐料越多越杂，做出来的菜肴就会越美味。往往最好吃的菜就是保留食物最初的样子，就像《舌尖上的中国》里那句经典旁白："高端的食材往往只需要最朴素的烹饪方式。"心如包袱，如果你什么都往里面塞，那么心不仅不会感到满足，反而会感到窒息，会压抑到喘不过气来。你若是把一些不必要的东西舍弃，给心腾出一些空间，便会轻盈轻松许多。

包袱卸下了，心简单了，人就快乐了。

笑看得失才会海阔天空。心越简单，人就越轻松，人生就越快乐。

11/26 所有的失去，都会以另一种方式归来

我常常会想，人生究竟是什么样的？人生太过辽阔，暂且无法用一个准确的词语或者某一段话来解释或定义，但在我走过的这些有限的岁月里，我愈发感知到人生其实是一个不断失去和不断得到的过程。小时候在农村没有像城里的孩子那样五花八门的玩具和课外补习班，却拥有在山间田野自由奔跑、无忧无虑的时光。上学的时候利用课余时间学习舞蹈，失去了许多与同龄人玩耍的时间，却让我比他们多了一项特长，而这项特长甚至助推了我如今的事业。后来，我选择自己创业，不稳定性和大大小小的失意也随之而来，偶尔也会觉得日子难熬，可创业对我来说却是一趟珍贵的旅程，让我感受到了从未有过的快速成长。

你看，人生就是这样奇妙，左手失去，右手得到。所有的失去，都会以另一种方式归来。获得金马奖最佳女主角的惠英红曾说，她其实也是一边在失去，一边在得到。她三岁上街乞讨，十二岁进夜总会当舞女，十七岁做演员，二十二岁当影后，三十三岁无人问津，四十岁吞药自杀，四十四岁重新振作，五十岁成为金像奖影后。小时候的经历，让她拥有一颗强大的心脏，以至于后来再遇人生坎坷的时候，她依然能东山再起，在更新迭代快速的娱乐圈成为一段佳话。在领奖台上惠英红说：我经历了二十岁的风华正茂，三十岁的落魄流离，五十岁的我，仍能再获成功，这一切都是上天最好的安排。

泰戈尔说："你今天受的苦、吃的亏、担的责、扛的罪、忍的痛，到最后都会变成光，照亮你的路。"我想，这句话放在惠英红的身上再贴切不过。她失去的，岁月也在不知不觉中以另一种方式回报她。

同样，我想起了塞翁失马的故事。塞翁的马走失了，邻居们都来宽慰他，塞翁

则笑笑说：“丢了一匹马损失不大，没准还会带来福气。”没过几天，果然好运来了。丢失的马不仅自己回家了，而且还带回了一匹骏马。邻居们纷纷向塞翁道贺，塞翁反倒高兴不起来，忧虑地说：“白白得了一匹好马，不一定是什么福气，说不定还会惹出什么麻烦。”结果没几天他的独生子就因为骑那匹骏马而摔断了腿。大家同情塞翁时，他却很乐观：“或许是福气呢。”不久，匈奴兵大举入侵，几乎所有青年人都被应征入伍，生死未卜，而塞翁的儿子因为摔断了腿不能入伍，逃过一劫。

这个故事告诉我们得失有轮回，福祸有相依。

岁月对待我们亦是如此。

我看到常常有人为岁月的流逝而暗自神伤，总是希望时间能停留在十八岁。在我看来，时间带着我们往前走的同时也给我们留下了丰富的人生阅历和智慧，让我们拥有比青春年少时更大的勇气去面对未知的生活。时间看似无情，让我们慢慢地变老，可是时间却让我们不断成长、得到、经历，人生也因此更加丰富多彩。

人生就是一边失去，一边拥有。所以失去的时候、失意的时候，不要悲伤，不要停止不前，擦干眼泪继续往前奔跑，生命中的美好也许就会在你用力奔跑的路上不期而至，猝不及防地给你一个惊喜。

12/3 你身上的磁场，决定你遇见谁

曾经看过一本名叫《力量》的书，里面有一段话说：每个人身边都有一个磁场围绕，无论你在何处，磁场都跟着你，而你的磁场也吸引着磁场相同的人和事。我很认同这段话。我认为，如今我们每个人身边所遇到的人和经历的事，都是我们身上的磁场在起作用。换句话说就是，你身上的磁场，会决定你遇见谁。如果你是正

能量的人，你会遇到很多正能量的人和事；反之，如果你是负能量的人，你就会遇到很多负能量的人和事。

这几天的全国市场团队密训，深深让我感受到了什么叫作“磁场”的力量。我们怀着同样的信念，肩负着同样的使命，才会那么一如既往地热烈赤诚，相亲相爱。常常有人说，是兰子老师的魅力，吸引了那么多志同道合的人一起在优雅仪态这条路上奋斗。其实不是我的魅力吸引大家，而是我们都有着同样的能量相互吸引，也是你们愿意成为正能量的人，才让我们看见了彼此，靠近了彼此。

一个人身上的磁场，会为我们留住那些“同质”的人，过滤掉那些始终无法靠近我们磁场的“不同质”的人。如那些不认可臻尚美企业文化，也没有怀着和我们同样信念和使命的人，最终都会像分流的河水，流进不同的地方。

美国心理学教授大卫·霍金斯说：“一个正能量的人，他的磁场会带动万事万物变得有秩序和美好。而当一个人心里充满了负能量，伤害的不仅是自己，也会让周围磁场变得紊乱和糟糕。”这跟我们经常说“爱笑的人运气都不会太差”一个道理。美好的事物总是偏爱正能量的人，而不好的事物则喜欢缠绕那些终日垂头丧气、喜欢抱怨的人。

所以，如果你想遇见美好，就要改变我们的磁场。那么，如何改变自己的磁场，成为正能量的人呢？

首先，你得改变自己的外在环境，向正能量磁场靠近，和积极的人相处。人以类聚，物以群分。根据吸引力法则，如果你始终停留在阴冷的环境里，你只会感受到无边的寒冷。远离那些始终都是负能量的人，不要被他们低迷的情绪感染，不要陷入深不可拔的情绪沼泽。只有让自己不断靠近像太阳一般温暖明亮的人，你才能感到温暖与光芒，继而在环境的潜移默化中成为像太阳一样的人。

其次，提升自己内在能量，多给自己赋能，而不是负能。凡事不抱怨，不怨天尤人。用释放负面情绪的时间去学习、去成长，清除那些不好的磁场，拥抱正能量。我始终相信学习带给人的力量。学习是储存能量的过程，就是不断给自己充电，不断吸收积极的能量，然后有足够的能量为自己构建一个美好的世界，从而化身为强大的磁场，吸引美好，释放美好。

人人都喜欢美好的事物，对不好的事物则避而远之。愿我们每个人都能成为正能量的人，与世间的美好不期而遇。

12/8 你承担责任的大小，决定你世界的大小

我们每个人的一生都在与各种角色共舞。每一个角色的背后都是一份沉甸甸的责任。有人觉得责任是一种负担，像压在肩膀上的石头沉重得让人喘不过气；有人觉得责任是一种动力，可以带来成长与幸福。

在我看来，你承担的责任大小，决定了你的世界的大小。我常常和我们的院长说：如果你只能承担一个家庭的责任，你就是家长；你能承担一个分院的责任，你就是院长；你能承担一个城市的责任，你就是市长……你的世界的大小，取决于你承担的责任大小。

作为家长，承担起一个家的责任，你的世界就是一个家庭。你大部分的时间与精力都围绕着丈夫、孩子转，囿于厨房与客厅，家就是你的全部。但如果你能承担起更多家庭以外的责任，你的目光会转移，你会要求自己去成长、去变强大，拥有与身份匹配的能力。这样，你的世界就会由原来一个小小的家庭变为更广阔的天地，你的人生也会有更多的精彩。

譬如，许多臻尚美的院长和导师原本是全职太太或宝妈，当她们决定突破自己，从家庭里走出来，去经营一家分院或追求自己的梦想时，肩上的责任更重了，同时她们新世界的大门也被打开了。

为了承担院长的责任，她们学习演讲，学习管理，去各个城市交流，在不断向上成长、完善自己的同时，各自世界的疆域也在慢慢发生改变。曾经的美国总统威尔逊说过“责任感与机遇成正比”。你逃避责任，你就会错失许多让自己成长、成功的机遇；你承担的责任越大，你处理问题的能力就会跟着提升，你的世界自然就波澜壮阔了。

这几年，我的人生角色在不断变换，肩上的担子越来越重，而我发现自己的世界也越来越宽广了。

我从最开始那个无忧无虑的女孩，到成为妻子、母亲，承担起了一个家庭的责任。后来成为优雅仪态导师，承担起一个个班级的责任。如今是一家公司的大家长，面对的是全国几百家分院以及遍布全国各地的学员。

我的责任，从“管好自己就可以了”到如今要为全国几百家分院以及数以万计的学员负责。我的世界也随着需要承担的责任的变化而变化，从一个小乡村走上了国际舞台。

我的每一次成长，都是责任在背后鞭策着我往前走。如果没有这些角色要扮演，没有这些责任要承担，我也不会成为今天的我。

所以，人要走出来，不要惧怕承担责任，责任也许就是机会。当你承担的责任越大的时候，证明你走在了很多人前面，你得到的机会也就比别人多。

你生命的宽度与广度，取决于你承担的责任大小。那些你肩负过的重任，会在你双脚坚定走过的地方，盛开无数鲜艳的花。

12/14 人生路上有三看：看远、看宽、看淡

有人说，人生路上有三看：看远、看宽、看淡。我深以为然。看远，能让人不拘泥于眼前，人生之路越走越长远；看宽，心胸宽阔，能让人遇事不纠结，不沉沦；看淡，能让人轻松前行，心路不被枷锁束缚。

一、看远

任何事情都不能只看眼前而忽略长远。如果只顾眼前忽略长远，会让我们的人生之路越走越窄。反之，则越走越远。譬如学习，有人只看到了学习所需付出的时间、金钱和精力而选择放弃，结果认知有限，视野受限，世界越来越小。

有人为学习投入了大量的时间、金钱和精力，不断拓宽认知，打破思维的疆域，便遇到了许多机遇，而不断的学习也让他们有能力抓住这些机遇，成就一番事业。

人与树的成长有着相似的地方。我们都知道越是珍贵的树木，它们的生长周期就越长，如黄花梨、红酸枝、紫檀木等。有眼光的人向前看，聪明的人向远看。如果只顾眼前利益，会让我们错失未来更多的可能性。目光放长远，才能为自己的人生注入更多可能性。

二、看宽

心宽一寸，路宽一丈。人生的路不是长在脚下，而是长在心上。一个人心的宽度，影响他生命的宽度。

一滴墨汁落在一杯清水里，这杯水立即变色，不能喝了；一滴墨汁融在大海里，大海依然是蔚蓝色的大海。

为什么呢？因为两者的肚量不一样。

一个人心胸狭隘，如同走在一条狭小的道路上，容纳不下别人。那么他的世界也会狭小，前行的路会孤单无比。唯有心胸宽广的人，允许人来人往、车水马龙，他才能走得潇洒自如，热闹无比。

心宽路好走，心窄路难走。敞开心胸善待每一个人，我们的人生之路会越走越光明。

三、看淡

看淡人生，以一种平静恬淡的态度度过每一天。

看淡得失。人生就是一边在失去，一边在得到。以平常心看待得失，日子就不会苦闷。若是得失心过重，就如同带着脚镣走路，每走一步都是沉重的。

看淡成败。不因胜利就得意忘形，也不因失败而一蹶不振。过分看重结果，就会失去享受过程的快乐。

很多事情的结果并不是事情本身的结果，而是我们选择的结果。如果你凡事看淡，很多烦恼就会如过眼云烟；如果你没有看淡，烦恼就会在你的心上堆积，如一块块石头堆砌在一起，成为一道困住自己的围墙。

凡事看淡，你的脚步会更轻盈快乐。

12/21 不要因为年龄，而失去对生命的热情

曾经看过一个街头采访：主持人随机采访街上的行人，问：“当人生已达暮年，你是否还会追逐新的梦想？”被采访的行人十几岁到七八十岁年龄不等，有人说自

己很乐意在年迈的时候依然做那个追逐梦想的人，也有人说一把年纪了不想折腾，只想好好待在家里休闲。

蒋勋说：“不要因为年龄，而失去对生命的热情。”在我看来，每个生命不论年龄多大，都要活出人生的风范，绽放生命的光彩。曾看到一则新闻视频，九十三岁的“清华奶奶”钮薇娜化身网络主播开讲宋词，吸引了众多老人听课。采访视频的开头，钮奶奶满头银发，手里拄着拐杖，精神抖擞、掷地有声地朗读着“大江东去浪淘尽，千古风流人物”的诗句。钮奶奶从高中开始便喜欢古诗词，后来因学了建筑专业而从事建筑设计行业，没有过多关注古诗词，直到退休后深藏在她心底的梦想才又被重新点燃。没有什么基础的她，一边自学一边给人讲课。在不断探索的过程中，她用“建筑工程进度表”的方式独创了图解宋词的方法，即先整理好宋朝三百多年的大事记，再把词人一一放进历史脉络中，使听课的人更容易理解领会。

如今她紧跟潮流，化身为主播在线上直播。钮奶奶说：“我这一生都热热闹闹的，老了我也不服老，也要一直学习，我觉得这是‘逆生长’。”永远对世界充满好奇，永远有趣地活着，去爱，去工作，去找事做、找人玩儿……这是钮奶奶对生命的热爱。

看过央视新闻的一段视频，视频里六十一岁的杨訢花甲之年再出发，学习钢琴，享受音乐世界带来的美好；七十四岁的小顽童爷爷，身患抑郁症，却用舞蹈治愈了许多人；七十岁的其其格奶奶，用旧衣改造创出“新时尚”；七十七岁的刘维秀奶奶，身穿汉服逛漫展，零距离打入年轻人的世界……

我无一不被这些可爱的老人感动着。岁月在热爱生命的人面前，一定是温柔的，热爱生命的人在岁月面前，一定是快乐的。你热爱岁月，岁月自然也会点亮你的热爱；你若是虚度光阴，抱怨岁月，大抵只会一边痛苦一边失去。

千万不要因为年龄大而停下人生的脚步。二三十岁也好，七八十岁也罢，不管多少岁，都不要失去对生命的热情和希望，不要失去对身体的自我掌控，不要失去对世界的探索欲和爱的能力，不要停下学习的脚步……

也许有人会说，随着年龄的增长，身体的机能会下降，有很多事总是力不从心，久而久之就丧失了对生命的热情。我们不可否认身体的因素，但是生命的丰盈与完满，与年龄无关，更多是与心境有关。有人年纪轻轻就什么都不想做，一心只想躺平；有人白发苍苍，却依然梦想环游世界。

二三十岁时的迷茫，四五十岁时的压力，六七十岁时的休闲，是大多数人都需要经历的阶段，但这不应该成为我们丧失对生命的热情的借口。还没开始就放弃，还没努力就言败，还没坚持就回头，这才是丧失对生命的热情的原因。

往后的岁月，请好好爱护自己的身体，保持积极乐观的心态，热爱自己的热爱，相信自己的相信，认真且有力地度过每一天。愿我们每个人都是那个“永远年轻，永远热泪盈眶”的人。

12/24 失意时释然，复杂中淡然，无常间坦然

人生有悲欢离合，有失落失意，复杂又简单，反复又无常，生活总是矛盾重重，不定数也成了人生的旋律。如何过好一生，没有标准的答案。但如果一个人能做到失意时释然、复杂中淡然、无常间坦然，人生也许会好过一些。

一、失意时释然

人生之事十有八九不如意，在失意时拥有一颗释然的心极其重要。作为运动员，成功与失败就像一对孪生姐妹。苏炳添的整个运动生涯亦是如此。他说人的生命不可能一直处在“高峰”，经历低谷的时候要做的就是一步一步爬上来。释然看待成败得失与伤痛，不停留在过去，永远专注于下一场比赛。苏炳添在经历了一次次成功与失败后，在东京奥运会冲击百米决赛资格的时候打破了亚洲纪录，赢了对手，

赢了自己，赢了时间。

很多时候，决定我们生活好坏与成败的往往不是事物本身，而是我们看待事物的心态。如果对待自己的失意始终耿耿于怀，你可能永远会深陷其中不能自拔，当你释然待之，也许美好就在下一个拐弯处惊喜而至。

二、复杂中淡然

有人说：淡然的心态，是人生的成熟。小说《围城》被拍成电影后，钱锺书一下子成了家喻户晓的作家，各界人士慕名而来，都想一睹他的风采。作品受人追捧，自己也变成了名人，在许多人眼里是一件天大的好事，可是钱锺书与夫人杨绛却苦恼于读书写作的时间没有了。

后来，杨绛在《我们仨》中感慨：假如他没有成名，我们该多清净啊。杨绛先生也常常帮钱锺书挡掉许多慕名而来的人，只为寻得一方安静阅读的天地。不慕名，不逐利，他们低调、朴素，默默做着喜欢的事，正如杨绛自己所说："简朴的生活、高贵的灵魂，是人生的至高境界。"

三、无常间坦然

人生无常，往往会有许多我们意想不到的事情发生。以一颗坦然的心对待，就可以走过低谷走上高山。新华社与新浪微博等曾共同发起的"2021 年终提问"活动，邀请了四位时代前行者——张桂梅、张文宏、苏炳添、王赤以书信的形式回答来自全国网友的问题。

张桂梅在信中谈及自己的过去。很小的时候，她就失去了母亲，青年的时候，父亲又离开了她。后来，她来到大理有了一份稳定的工作，遇到了爱她的丈夫，本以为日子会明朗起来，可是命运却没有偏爱她，丈夫被查出患上了癌症，一年后也永远地离开了她。人生如此无常，张桂梅老师在短暂的悲痛中醒悟，她坚信人生在必经的"寒冬"里，也带着必然的希望。她申请调岗让自己"流放"到丽江市华坪县，全身心投入教育事业中，去做一些更有意义的事情，去丰盈自己的人生。

坦然的心态，让她不再惧怕生活，她练就了强大的勇气面对未知的一切。

人生无常，但是日子不会像腐烂的苹果无可救药。以豁达乐观的心态待之处之，人生的插曲也会成为美妙的乐章，生活也会变成另一个新鲜的红彤彤的甜苹果。

12/27 不要怀疑努力的价值，你的努力终有荣光

刘德华在出道四十周年时，在网上发了一条纪念视频，他说：你们看到的每一幕，都是一个叫刘德华的普通人每天辛辛苦苦工作的结果；今天发视频庆祝不是为了庆祝一个人红了四十年，而是庆祝一个人认认真真工作了四十年。

刘德华的演艺事业长久不衰，并非偶然，也不是上天眷顾，而是他几十年如一日一点一滴地努力与付出，才蓬勃鲜活地走到今天，才能一如既往得到观众的喜欢和认可。在他身上，我们看到努力的价值。

伟大出自平凡，荣光是过去每一份不起眼的努力的累加。所以，不要怀疑平凡努力的价值。岁月是储蓄罐，你付出的那些平凡的一点一滴努力都是你投入储蓄罐的“硬币”，慢慢地会累积成为人生巨大的财富。即使渺小如尘埃、平凡如琐事，也不要停下努力的脚步。

人生就像学摄影，没有人生来就是摄影大师，所有的精彩瞬间都是靠一次次平凡而普通的快门按出来的，我们每按一次，就离自己想达到的境界更近一点。

有个热门话题：为什么自己明明很努力，可还是一事无成？很多人为此陷入了深深的怀疑，怀疑自己，怀疑人生。有人说，一个成熟的人的标志之一就是明白每天自己做的 99% 的努力都有可能落空，但还是有坚定的信念，有行动的勇气和毅力。

不是所有的努力都能立刻兑现，而且这个世界上所谓的天才极少，大多数人都是一步一个脚印，所有的成就都是一点一滴的累积，才能如涓涓细流汇成浩浩江河。

就如茨威格在《人类群星闪耀时》里这样写道：“总是需要有无数的光阴无谓地流逝，才能等到一个真正具有历史意义的时刻。”这种命运攸关的时刻充满戏剧性，可能集中在某一天、某一时，甚至常常发生在某一分钟，但它们的决定性影响却是超越时间的。

这些努力大多数时候不会为我们带来灿烂的光环，但一定可以滋养着我们，推着我们不断往更好的方向迈进。努力的价值与意义在于，即使最后没有成功，但我尝试过了就问心无愧；也在于这些努力会为你拼凑出一幅属于你自己独一无二的画卷；更在于它是一股无形的力量，影响着我们的人生，推动着我们往更好的方向迈进。

真正的“拥有”不一定是一个结果，也可能是一个过程。努力亦是如此，不一定能让我们时刻都闪耀着光芒，但可以让我们拥有踏实的内心和踏实的人生。

因为努力，所以踏实。因为努力，所以幸运。

愿你踏实生活，时刻幸运。

后序

有一首三行情诗："也许在平行世界里是基尾虾在剥我的壳，练习册在写我，满天的我落在枫叶上、雪花上，而你，想到了我。"

如果说，这个世界真的有平行世界，那一定是个浪漫又充满想象的世界。它可能是我们所在宇宙的一面镜子，也可能是我们理想的世界存在的另一种形式。

我是罗兰，来自另一平行宇宙里的罗兰，心中有许多微小的感动想说一说。

我深深爱着的臻尚美家人们：你们好，我是来自另一平行宇宙的罗兰。在你们的宇宙里，臻尚美四岁了，而在我的宇宙里，臻尚美已走过了十四个年头。在我的宇宙里，臻尚美平稳向前发展着，我们的理想在这片土地上正绽放着耀眼的光芒，一张张熟悉的面孔也依旧陪伴在彼此身边。那些认识了很多很多年的老朋友，你们历经无数挑战也变得无比强大，你们不再迷茫和彷徨，坚定地走在自己的人生道路上。那些刚认识不久还未熟悉的朋友，你们都心怀无限希望，眼里充满光芒，正在大步地往梦想之路迈进。

十几年时间，我们并肩作战，留下一串串如雪花般晶莹美丽的人生回忆。虽然还有很多高山我们无法企及，但此时却是爱的光芒照耀大地最璀璨的时候。因为爱，我们一路披荆斩棘，创造了无数可能。那些大声喊过的口号，正一点点盛开迷人的玫瑰；那些在课堂流下的汗水，都变成了优雅与气质连同岁月一起降落在我们的身上……是的，岁月，我们一点都不惧怕，我们强大到与它和平共处。

曾经,过来人都告诉我们平凡才是人生唯一的答案,所谓的“优雅绽放,活出自我”都是自我幻想。是的，我们平凡，但也不平凡。梁晓声在《人世间》里说：“每个人都像烟花一样，都会有自己最绚烂的时刻。平凡的人也会有自己的高光时刻；朴素的心，也会有自己的绚烂天空。”我们是茫茫人海里普普通通的一个，但我们在平凡的日子中也有许许多多明亮的瞬间。

我们像海豚，大部分时间潜在海底，可也不乏一些日子跳出了海面，呈现出完美的身影和抛物线，得到了一些喝彩与掌声。时间走了很远的路，奋斗的痕迹不断拉长。尽管这样，我们还能清晰地感受到第一次站上舞台时的心跳，那紧张和说不出话的模样是那么可爱；想起第一次有点笨拙地在舞台翩翩起舞，嘴角还是不自觉微微上扬；想起第一次拿下分院业绩冠军，拿下最佳主持、最佳导师的时候，那激动还是能击中柔软的心脏……

虽然我们都没有成为被这个世界膜拜的超级英雄，可是我们的某一个拥抱，曾给过别人莫大的力量；我们的某一节课堂、某一个故事，真实地走进了某一位女性的人生角落，为她们的世界轻轻地推开了一扇窗，让她们看到了不一样的风景，人生也因此有了一些改变与收获。在《奇葩说》的舞台上，詹青云说了这样一段话：“米兰·昆德拉写《不朽》，他说人世间原本就有大的不朽和小的不朽。大的不朽是世人对你言必称名，是那些陌不相识的人在你死后依然记得你。而小的不朽，不过是爱你的人依然记得你。我们不会为没能实现大的不朽而后悔，可是如果这一生从来没有在另一个人的生命里做一束微光，曾经闪烁过，我想我们难免会遗憾和难过。”

庆幸的是我们爱着很多人，很多人也爱着我们、记得我们。

我曾经碰到过你们宇宙里的那个兰子老师，我问她：“人生有很多个十年，下一个十年会更好吗？”她是如此坚定地回答我：“下一个十年，一定会更好！”我问她为什么会如此坚定呢？她说：“因为爱可以创造无限可能。”不管在哪个宇宙，我都始终相信女人是爱的化身，是爱的造物者。而臻尚美有一群爱的天使，必定可以创造一切。

因此，这一份爱的事业、女性教育事业、家庭幸福事业的光芒应该得以流动、传承，让每一个人都拥有太阳的能量，温暖自己也温暖他人；让每一座城市都因爱而幸福！我愿意为此终身奋斗，你们呢？

好啦，写到这儿就搁笔了，细细碎碎，但每一个字都充满了温暖和期待，祝好。